我只要一待在廚房裡兩三小時，就發覺自己不耐煩的習性消失了，一個下午可以不慌不忙地專心燒菜。在待在電腦前一週後，有機會用雙手（其實是我所有的感官知覺）幹一點活兒，能在廚房裡或花園中如此改變生活的步調，是我求之不得的事。這工作當中，似乎有什麼可以改變對時間的感受，幫助我們重新活在當下。請別以為我因此變成佛教徒，然而在廚房中，我說不定沾了一點邊。攪動鍋子時，就攪動鍋子。這會兒我明白了，此刻，我覺得可以一次只做一件事，而且全心全意投入一件事，是人生極之奢華的享受。

一次一件事。

——《烹：人類如何透過烹飪轉化自然，自然又如何藉由烹飪轉化人類》（Cooked: A Natural History of Transformation）／麥可・波倫 Michael Pollan

《作法》
1、烤箱預熱200度、
2、Lemon sauce. Mix all material,
add one tb salt & pepper, put into forzen 30 mins.

3、Put the Flour + Spicy + salt + Pepper mix in a bowl.
放入雞肉沾上Flour，放於烤盤中，在雞胸肉上
刷上大量奶油，烘烤25mins，

雞肉翻面，淋上Lemon Sauce，100度烤30mins，
or 雞肉烤熟軟嫩。

4、中型湯鍋，中火熱油，放入onion炒軟，放入米香拌勻，
加熱1mins，不時攪拌，加入水蓋米高2cm
蓋煮10-12 mins，不要攪拌，悶10mins。

灣
Cooking
岸
for
餐
Someone
桌

「吃不好，就不能好好思考、好好戀愛、好好睡覺。」

——維吉妮亞 ‧ 吳爾芙

願意為某個人下廚，那是一種很深的在乎，也是某種隱匿著的愛。沒有感情的料理，味覺、視覺都會很糟，因為沒有快樂。

自序

Preface

終於，最後一份校稿在十二點前寄出。

這是條有點漫長的路，出書一直不在我的人生規劃裡，如同站在廚房灶前也絕非幾年前所能預料。「廚房旅行日記」是我和大學同學 Yun 共同經營，至今仍猶記某日我們的對話：「到底誰會來看我們的網頁啊？！」就這樣，這廚房陪著我度過了人生很重要的三年，也讓我最親愛的編輯在這撿拾了我。

撰書的這一年裡，我一直思索著自己真正想帶給大家的是什麼，畢竟，我並非受過正統學習的廚師，也非所謂料理好手，我，僅只是一個想將味道和記憶緊緊記在心底的料理者。在我的生活食譜裡，沒有精細的步驟，沒有確切的用量，有的是一種味覺延伸出的記憶和概念，那是僅屬於我的記憶。

我始終不認為有所謂厲害的食譜或美食作家，對我而言，只有用「心」料理的料理與料理者，那是一種完全從心出發的構思。為了一個或特定的人所做的料理，當下心境、情緒都不同，從決定菜餚、挑選食材、酸辣鹹淡，全是特製的心意；對我而言，這才是有意義的。

這條轉變的道路上，有些辛苦，有些孤單，但始終感謝。謝謝我的父親，用心教誨且教導出此刻的我；謝謝我的母親，在那些廚房的瑣碎事中告訴了我該怎麼經營一個自己的家；謝謝我唯一的妹妹，謝謝她拎著她的米奇行李箱來看我，讓我能在異國裡與她共枕旅行。最後，我想謝謝一直陪伴在我身邊的編輯，謝謝他總是這樣鼓勵著我，無論多遠的距離；我曾對他說過，若這本書的編輯不是他，那我們的計劃就作罷吧。這是我對他和我們共同理想的信任，無需合約。

謝謝你。

謝謝願意買下或翻閱這本書的你／妳，謝謝你們願意看我的文字、聽我說些日常生活瑣事，如果能夠，希望在你／妳看完這本書，也能想起那最初、最思念的記憶。那，只屬於你／妳的，味道。

二〇一五年三月二日

目錄
Catalogue

當過了某個年紀，經歷過一些人生大小事，許多想法都無法再回到從前。看待人事物的角度，更不可能再如同血氣方剛的孩子那般迂迴、躊躇又或用力緊抓，該離開的終究會離開，該留下的也不會因迷路而走失。而我們能記憶在心底的，也許是轉角街邊外的餐桌上那一碗濃湯，一個你我都無法忘懷的座位，肩摟肩和唇上的那抹香草氣味。

Monday

總是個讓人想拿起筆記本開始計畫的時間。

許多人總在前晚或當日上班時，述說著又是藍色憂鬱的初始，三年來，最常在週一早餐時，翻閱手邊食譜書籍，或上網點選各國不同部落格或廚師們的網頁，想找些新奇好玩的食材，卻不希望太過複雜以致廚房凌亂無序，這種複雜糾結的心情，像是想辦場低調而有質感的派對，偏又希望控制賓客素質，最後坐上嘉賓大多仍挑選自己內心最覺得坦然舒適的好友，如同出現在家庭宴會裡那最受歡迎的 comfort food.

拿起劃滿小方格線的筆記本，東查西尋，先確定這週廚房開伙的日子，再看看最近是否想進行減重計畫，一一確認那幾日的菜單後，開始發想各式可能組成的創意菜單。

每週一其實是個令人感覺有些慵懶又有些期待的時日。

想著這週要和誰碰面、要探索的新餐廳或新場所，又或者期待週末出遊的計畫等等，其實認真想想，週一也沒這麼憂鬱，但或許是我所置身之處並非步伐快速的台北，而是因為任何因素，每天都可能有 BBQ 出現在庭院的陽光加州。

出門採買前，把上週所有附近商家投置郵箱的折價卷做好分類是最重要的工作之一。

因為有著到超市就無法克制囤菜的習慣，後來被訓練成一週分成三次採買，平日採買僅以華人、韓國、日本、美國有機超市為主，並以往後兩日需要的食材量為主。除此之外，折價卷也會影響採買路程規劃與當週料理的優先順序，說起來，這算是訓練煮婦在購物時，還能兼顧經濟效益的一門實戰生活經驗。

每回外出採買食材返家，從後車廂提出兩、三大袋的環保袋，看著袋中滿滿的食物，心想兩、三天的食材怎麼會如此多，到底是有多能吃？但實驗證明，將食物排滿冰箱後的滿足感，那多彩繁種的美麗畫面，像《慾望城市》（Sex and the City）裡凱莉的夢幻更衣室般吸引我。關上冰箱的門，又發懶得躺在床上，一動也不想動，只想播一首 Piano Guys 的〈All of Me〉，不停重複，直至天色昏黃。

藍色憂鬱週一，慵懶的氛圍和乾淨的音階才能讓我從一動也不動的書桌前，拉起身子，將冷藏櫃填滿食材，像是把自己這週的心填滿了動力一樣，滿足。

噢！對了、週一傍晚的流動瑜珈，絕對是必上的課程。

抵達後的記憶飛行

Step One

在機輪放下的那一剎那，總選擇的 38E 座位，往左邊豆腐方塊的小小窗口望去，淡淡透著晨曦的蘊藍，澄金黃的路燈漸漸式微在日光中。轟的一聲，機輪落地了，淚水在眼眶裡打轉，想著正來接機途中的父親，他是按耐著許久不見女兒的心情故作鎮定，還是他也怕見到女兒的當下，顯露出親蜜卻靦腆而難以說出的思念，至少，我是如此思念著他。

機身在跑道緩衝時和身體形成的反作用力，緩頰了放大的情緒，抹去稍稍滑落眼角的淚水，心倏忽緊張起來，飛機是否能安全抵達前方通往家的安全門？自己其實好想念他們。

這段滑行總令我有些緊張，或許這是邁向微中年感的症狀之一：懼怕飛行。

每回返台的飛行時數約莫介於十個半至十三個小時之間，時間長短依據的是冬夏季風方向所造成的時間差。飛機上的早午兩餐，總不那麼討喜，第二餐用畢後約一個多小時，便是機門開啟之時。暑假後的回台時分，踏出機門那瞬間，一股悶熱潮濕的空氣感瞬間湧上鼻膜，是熟悉、也有些陌生；若選擇在梅雨季間返台，那麼，通過機艙門外通道時，嗅到的潮濕水氣，則是帶著柏油路冒起白煙的午後感。無論是哪種，都能在第一時間用最快的方式傳達大腦至淚腺。終於，到家了。

每回返家後第一件事，便是換上習慣的家居服，走到附近的美而美早餐店買份漢堡蛋多加一片火腿和一杯大冰奶。老闆隔了許久再見到我，第一句總是大笑著說：「哎唷，又回來啦！」記得以前還是上班族時，習慣先撥通電話過去，出門途中將車停在店門口前，老闆將餐點遞了過來，如今看著這透明擋雨帆布圍塑出的小小騎樓空間，幾張桌子板凳，熟悉的聲音、動作和味道，這是我心裡最想念的家，台灣。

返家後第一個清晨，記憶依然置存於長途飛行所帶來的飄浮時差感之中，一樣的時段，卻是各異的早餐文化，此刻我腦中似乎仍在運轉著有關太平洋另一端的熟悉晨間片段。

近年 Brunch（早午餐）一詞在台灣被廣泛使用，但有時似乎帶些崇洋的愛慕感，希望能藉此，將自己錯置於重視悠閒假日的國度，餐廳外排列著許多撐著洋傘的座位，週末上午陽光灑落，身邊帶著另一半、家人或孩子，是個大家期待營造的時光和氛圍，但我覺得這場景落在台灣時，總有些牽強。畢竟，大多數的上班族們多半希望假日能睡飽些，不再需要那麼匆忙起床、趕車、打卡；所以，在某些時刻的聚會，也無法讓人放鬆。這是台灣人辛苦的地方。

換個場景，國外的 Brunch 沒有大家想像中那樣精緻巧思的擺盤，最好吃也最道地的 Brunch 都是當地小鎮區域裡的家庭式早午餐。通常這樣的餐廳，假日時總要排隊排上個二、三十分鐘才有座位，雖然沒有值得拍照、介紹的飲食與空間設計，但讓人完全放鬆高談闊論的心情絕對勝過在台灣的小心翼翼。

在美國，假日幾乎和家庭日劃上等號。

假日的早晨，有著信仰的人會先去做禮拜；沒有特別信仰如我，則是和家人一起穿著輕便的居家服，踩著夾腳拖便開車前往排隊。家裡鄰近的幾個城鎮裡，有著試也試不完的早午餐，我們會在前一晚睡前用 Yelp 搜尋隔天想去嘗試的新餐館，而 Yelp 的準確度永遠不會令你失望。若是有安排瑜珈課的假日上午，我會自己開車去麥當勞買份早餐（美國的麥當勞早餐真的非常非常非常好吃！），一杯半糖去冰的榛果拿鐵或黑咖啡，則是每日早餐的必需品。

將記憶航線換個方向，每次回到美國的時間都在晚上，隔日第一餐我總會選擇最素常、最容易吃到的IHOP，因為，這是抵達後最希望嚥入的思念滋味，也是和家人最自在放鬆的談天場域。

有人常問我，美國的環境真的很好對不對？見人見智吧，我想。

我會說，美國是一個可以讓你大口吃飯而不會顧慮自己是否太胖的國家；是一個不需要精心打扮化妝就能出席的場合與氛圍；是一個你能真正敞開心胸接納自己真正樣貌的生活環境。

美國的早午餐份量通常不小，依照台灣女生的食量，兩人共享一份即可，這也是養成了我學會不浪費食物，將剩下餐點打包回家的良好習慣之契機。以前在台灣，總認為吃不完就算了，打包顯得有些貪小便宜，到了食量同骨架一般大的白人環境，食不盡已成家常便飯，打包回家作為隔日配菜或帶便當，順勢成了無心插柳的節儉習性。畢竟，美國外食費用和台灣相比，實在令人吃不消，能不浪費之處，便自然養成能省則省的觀念。

提起能省則省，莫名想到的是調味，特別是番茄醬（ketchup）。雖在邪惡大國待了整三年，對於薯條依舊沒愛上，甚至更為挑嘴。在融入相較台灣更多冷食的飲食慣性途中，漸漸發現，美國人需要減脂減重真不是沒理由，因為他們無論吃什麼都可以擠上一大坨番茄醬；吃漢堡時每咬一口便可在齒緣切合處，再擠上番茄醬或芥茉醬，每咬一口就再擠一次，看在來自處處希望自己成為紙片人國度裡的我們眼中，的確令人敬謝不敏。

在這個仍有許多人尚未清醒的晨間，家鄉的熟悉感漸漸帶自己擺脫了時差的困擾，可以任由記憶飛行。早起接機的父親返家後，立刻換上西裝外出工作；身邊吹拂著慣有帶著濕氣的風，如常溫煦，一些鳥囀、一些街犬的輕吠，此刻，終於感到自己和久違的家人或生活中的人情、物事在共同時區裡，並享受著彼此共有的珍貴時刻，像日記裡久未述寫的新一頁卻又毫無違和感，因為所有感覺已經在感官上重新恢復了。

和社區管理員道聲早安後，緩慢走向社區旁公園邊通往家後方的羊腸小徑，這是我最喜歡獨自行走的小路。因為班機總在凌晨抵達，路旁多是打著太極或家常兩句的老爺爺、老奶奶們，走過身旁總會微笑點頭示意，想說出口的是英文的「Hi ！」是帶著陽光咧嘴大笑的那種，但此刻壓下了習慣，臉部微笑似乎有大了那麼些，幸好年歲已邁的他們所回應的眼神和在美國路上的老先生老太太極為神似。

點完了漢堡蛋加火腿以及一杯大冰奶，美而美的老闆大聲對我說：「又回來啦！這次準備要待多久啊？」

菠菜豚肉熱狗烘蛋

Meal

週末總是有些想賴床，想著今天又要去補些新食材，也想著到不同的農夫市場晃晃，想當然爾，想趁著一早做早餐時把冰箱剩餘食材清空，就是件非常重要的事了。起床洗臉刷牙喝杯水後，打開冰箱，東湊西就成了煮婦的一點點小本事，隨意拼湊一下，便有了這天週末的早午餐。

食材 / 約 2 人份

Ingredients

1/2 顆洋蔥切丁
1/2 顆牛番茄切丁
3 顆紅黃甜椒
3 顆雞蛋
1 顆酪梨
4 大匙蜂蜜芥茉醬
2 條辣味豚肉熱狗切丁
1 包鬆餅粉（此次購自於日本超市，分袋裝好的）
2 顆柳橙
幾匙玉米粒
約手掌 2 把生菜葉
些許奶油
少許鮮奶油
少許楓糖

＊以上食材、調味用量皆可依個人喜好調整

a
b
c

步驟

Method

開始緩慢地做早餐。

舀了 3 大匙咖啡粉，按下咖啡機後，便先將鬆餅麵糊打好放在一旁備用。打開冷藏抽屜，將僅剩的 3 根甜椒、1/4 顆洋蔥、2 條熱狗切丁和生菜一起炒軟（a），先不盛裝，放在平底鍋裡維持熱度。剩下的 1/4 洋蔥切丁，加上玉米粒、番茄丁、蜂蜜芥茉醬和酪梨泥一起拌勻。此時，酪梨番茄洋蔥玉米沙拉即完成。

跟著，把平底鍋中炒好的蔬菜放至烤皿中，打入 3 顆蛋，透過蔬食的熱度將蛋一起拌勻，送置小烤箱烤 10 分鐘就能完全熟透（b）（我是直接轉到烤箱上設定烤吐司的溫度），超好吃的辣味熱狗菠菜甜椒烘蛋就完成了。在烤烘蛋的過程中，已可開始動手煎鬆餅，一塊接著一塊，邊煎邊等待翻面的過程，另一旁切好的兩顆柳橙也可送進果汁機裡打成新鮮果肉橙汁（c）。鬆餅煎得差不多，擺盤也進入收尾，煮好的咖啡和豆奶倒進杯裡送上桌，這天的早午餐就完成了。

相信常在家動手做料理的朋友多少都能了解，其實許多步驟都是在零碎的時間裡完成的。例如蔬果汁打好了，正在等待鬆餅換面的時間，就能在一旁的洗手台先將一些鍋子、砧板等需要清洗的物品先洗起來，一來不會浪費等待換面的時間，二來也能盡量保持流理台的整齊乾淨（媽媽說，保持流理台整齊清潔是非常重要的事），三來也能省下飽足後清洗碗盤的時間。

蘋果奇異果果醬

Meal

記得第一次做果醬應該是二〇一二年的冬天。那次我做了草莓果醬以及我最愛的蘋果奇異果果醬。第一次做果醬，想像著的是透明玻璃罐裡的草莓，會像是超市賣的那種，一顆一顆大大顆的草莓，吃起來好甜、好紮實，打開時看到的則像是果凍般的晶透。上網搜尋了些料理者的食譜，有的喜好偏甜，有的則是為了好看而添加少許吉利丁，當然，我最崇尚的還是松露玫瑰姊姊所說的，製作果醬其實有一定的公式，也必須依照水果的甜度和多寡，調整使用細砂糖的用量。

二〇一二年底，我做了十多瓶蘋果奇異果果醬，那時的我所製作的果醬還會加砂糖一起製作。製作果醬的過程並不算短，因為得一直在爐邊用小火煨著，一邊攪拌、一邊得趁熱將果肉緩慢搗成泥，有時遇上了較耗時的水果果醬，事前的準備功夫又得花上另一段時間。倘若不是能讓自己願意這樣耗上個半天一日來製作果醬來送禮的朋友，還真不知自己怎有如此多耐心從煮燒、烤玻璃瓶，到製作完成寄出。那每一段的過程，心裡所想到的都是對方收到果醬時的欣喜畫面。唯有如此，才能有那麼多的愛和耐心裝進每一瓶特製的果醬裡。

食材

Ingredients

3 顆蘋果

6 顆奇異果

約半杯砂糖

＊以上食材、調味用量皆可依個人喜好調整

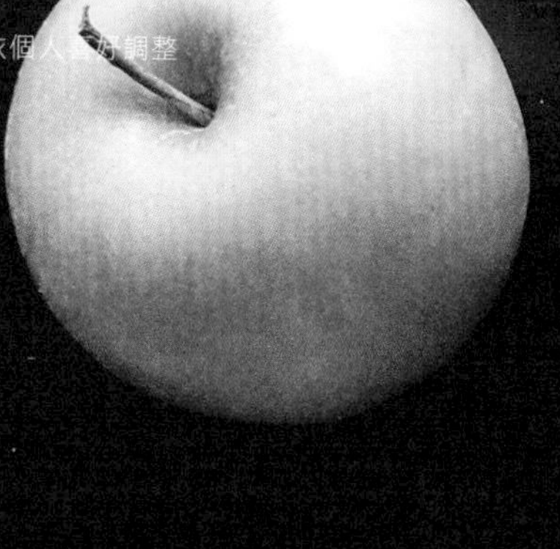

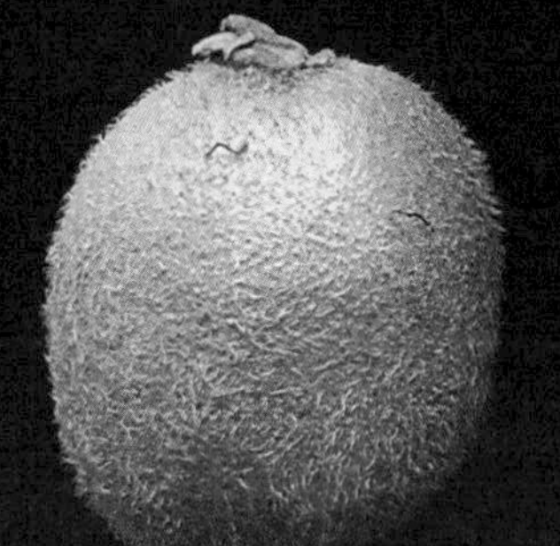

a

b

c

步驟

Method

我製作的果醬種類有：蘋果奇異果果醬、橘子果醬、藍莓蔓越莓果醬、草莓果醬、芒果果醬，還有最特別的鳳梨百香果果醬。最麻煩的就屬橘子果醬。因為橘子果醬在事前準備的功夫最是麻煩；得先將橘子一片片撥開，有耐心地將果肉從白色果皮中剝出，且我使用的大多是較小顆的甜橘，耗費的時間又更久了。

製作過這麼多種口味，我始終對於自製芒果及蘋果奇異果這兩款特別鍾愛。也因此，我開始盡可能減少在製作上使用的砂糖用量。將果肉切的小塊些（a），並在使用細砂糖醃漬果肉的過程中，延長用其醃漬的時間，這動作可使果肉因此而醃漬出更多的水分作為果醬（b）；同時間亦可開始煮沸稍後盛裝的玻璃罐。開始小火煨著果醬，攪拌、搗泥，反覆動作大約需1個多小時，將煮沸的玻璃罐夾起，放入烤箱烘烤至乾燥，等待果醬煮好後便可裝至瓶中，密封、倒置、完成（c）。

在密封冷卻後，我會先將果醬送進冷藏，並會在3個月內食用完畢，若是開蓋後，則建議1～2週食用完畢較佳。畢竟，手作果醬並無任何防腐劑，也不添加額外的吉利丁增加其亮度或色澤，盡可能食其果肉原味，對健康才是最好的選擇。

新的城市

Step Two

返台這幾天整理了在 San Francisco（舊金山）的照片，去年底回美後，二〇一四年第一天閨密出差來訪，二月妹妹前來度假，繼而有我親愛的主編與友人來訪兼出差，整週外出和一群新朋友工作，有些夢幻、有些真實，而整趟過程讓我沉醉某種依偎中，遲遲無法回神。最珍貴的記憶便是獲得了幾許難得的友情。

一個城市住久了，總少了份新鮮感以及想再好好探索它的好奇心，也許是這兒不如歐洲有著歷史久遠的瑰麗建築，羊腸小道間，總能發現有趣的角落和視野，因此，年初和妹妹一起在自己生活三年的城市走走看看，驀地燃生莫名期待及興奮感，特別是幾個小女生對於所謂觀光景點非拜訪不可的衝勁，也讓自己閒晃了許多不同的街道風景，甚是初次從 Ferry Building Marketplace 搭乘可愛的麵包公車到 Fisherman's Wharf（漁人碼頭），有著妹妹陪伴，這城市似乎注入了另一種新的生命力和陌生的熟悉。

在旅行中，有些事，總需要有個伴才能完成那斷斷續續、飄忽游移的回憶。

托幾個女孩兒的福，年初的舊金山重遊探險之旅，依照她們所計畫的路線進行，S.F Downtown 的 Cable Car（叮噹車）轉運站、Lombard St.（九曲花街），每段行程僅負責接送，幾名小女子全程嘰嘰喳喳亂竄遊走，讓我多了許多獨自出竅的時間。將車置於兩小時停放區，一個人緩緩地爬坡、下坡，重複著幾條不同的路名，從 Lombard St. 走到快接近 Fisherman's Wharf，上上下下不知探戈了幾回。走過路旁櫻花盛開的樹下，花瓣落下的瞬間，倏然驚覺，來過這麼多趟，竟從沒留心見著如此多的精巧景致及閃耀夜幕，頗是欣喜（這讓我想起了前陣子看到的攝影師張雍的一篇文章〈要成為攝影師，你得從走路走得很慢開始〉）。

將自己重新放置在城市街廓裡慢行，沒有旁人催促，沒有非得要走的行程，身邊一切景物，好似都成了從未見過的地景萬象，哪怕只是個 2HRs Parking Sign，都因為空氣中的氛圍而變得妖嬈。

年初兩趟行程，在記憶裡都是快樂的，隨手拍下的許多畫面，都是意外。

記得當天天氣時好時壞，但穿起衣服來絕對比前一週待在紐約時，舒心許多。極重視外出裝扮如我，搭配當日暖陽冷風無夏季的劇烈氣溫，內裡穿上了純白發熱衣，套上胸前挖低圓領羊毛緊身黑上衣，恰巧露出的一小截白邊，像是靜黑中不願被遮蓋住的一抹光芒。

第一次踏上舊金山的街道時，有些不真實。人來人往的街道，像是電影或影集中一躍至眼前，擦肩而過的人們，黑、白、褐、黃，各式人種、膚色、眼珠皆有，但當時尚未熟悉，亦有些恐懼與人對眼相識招呼，內心更有些許低人一階之感，現在想來都已成過往趣事，畢竟，這是我對舊金山的第一印象── 緩慢又快速，繁華又冷冽，像是一朵極優雅、高傲的玫瑰，但不帶刺。

在這城市裡學習呼吸的節奏，是快樂的。舊金山是極其開放的藝術之都，因此，街上各種樣貌形色之人皆可見，特別是現今全球鼓吹、推動的多元成家關係，在此，是一個極被尊重的彩虹城鎮。那兒的人們、店家都非常可愛，更可在附近許多住家窗外，或可被看見的陽台欄杆上，掛上一面面彩虹旗幟；男男女女手牽著手，這是一個讓人走在路上都能毫無畏懼任何眼光的自由城市。

想快速地熟悉她（舊金山）的旋律和節奏，只要用心，便能跟上節拍。

糖漬檸檬

Meal

去年回台的時間依舊落在夏末秋初九月時分，近年來的生日前後似乎早已不同於從前暑假過後的微涼秋意，陽光依舊熾熱，若是午餐後又來陣午後雷陣雨，空氣中濕熱難耐的黏膩感，有時真的令人想直接回家沖個澡，讓身子皮膚涼快些；而我，對於檸檬和蜂蜜總是愛不釋口，除了每天早晨喝杯給自己泡的檸檬水外，最常做的便是用保溫／冷瓶幫自己帶杯微酸微甘的蜂蜜檸檬外出，除了健康安心之外，也能幫自己消去那些許僅存於心頭的夏末暑氣。

食材

Ingredients

14 顆綠檸檬
1 袋蔗香紅糖
6 罐玻璃瓶

＊以上食材、調味用量皆可依個人喜好調整

a
b
c
d
e
f

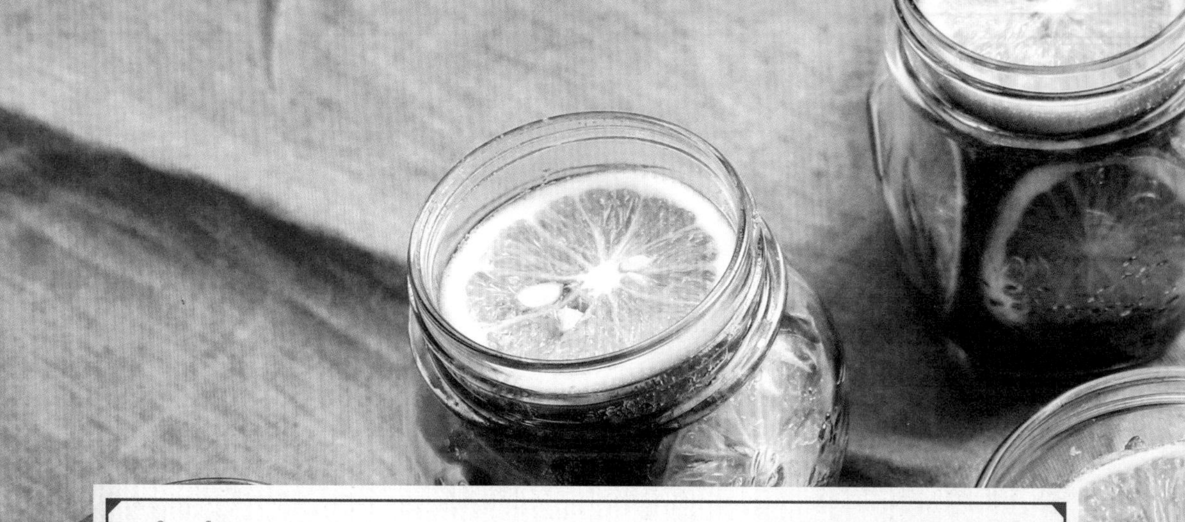

步驟

Method

這回的材料非常簡單，只需要 14 顆檸檬、1 袋蔗香紅糖，和幾罐可愛的玻璃瓶，在早晨散步外出早餐返家後，便緩慢開始。

記得手作那日的早晨，外出散步去吃早餐時，陣陣涼風，似乎秋天真的悄悄地來了。趁著午晌前還有些許陽光，把從友人那拎回家的有機檸檬給洗刷乾淨，一顆顆多汁酸澄的果肉都切成薄片（a），一層檸檬片、一層台灣本產蔗香紅糖，一層一層不斷重複、連續往上疊（b）（據說紅糖對美容有不錯的效果），一罐接著一罐直至裝滿後（c），將其放置家中餐窗檯旁的白牆前給排排倚牆站好，順手拿起像機拍照，畫面中的玻璃瓶拍來真是可愛（d）。

製作完成後便可密封罐子、送入冰箱，等待 7 天後開封（e），此外可將剩餘不規則形狀的檸檬與蜂蜜一起泡成蜂蜜水，可以做食材的循環利用（f）。那時也許天氣又更涼了些，泡杯熱呼呼的糖漬檸檬紅茶暖個身子，也算是自己的夏末秋初註下一個美好的開始。

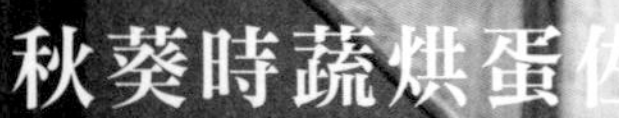

秋葵時蔬烘蛋佐西西里咖啡

Meal

難得有機會在台灣做西班牙烘蛋，特地用了自己非常喜歡的秋葵來試做看看，覺得口味應該會挺特別也很健康；另外，也烤了些小肉丸和紅莓醬一起做搭配。最值得一提的是，此款咖啡是一位我的好友兼甜點老闆所教我製作的「西西里咖啡」。

此款咖啡非常非常的好喝且完全不膩（我一個人大概可以喝 600cc）。記得第一次老闆在店裡做給我嚐嚐時，咖啡喝下口時從嘴裡驚艷至目光，老闆說，這款咖啡在他的一位義大利朋友家鄉，可是用來醒酒的飲品，當時心裡想著：「這麼好喝的咖啡飲品，怎麼會是醒酒飲品啊？！」總之，這回就把這兩樣新玩意兒一起分享給大家吧！

食材

Ingredients

〔烘蛋材料〕

6 顆全蛋

2 顆番茄

1 顆黃椒

4 條培根

1 杯鮮奶油

1/3 杯帕瑪森起司粉

約 15 條秋葵

約手掌 2 把草菇（菇類）

少許海鹽

少許迷迭香

少許黑胡椒

〔西西里咖啡材料〕（須使用手搖杯）

2 顆 Nespresso 咖啡膠囊

3 大匙黑糖

半顆檸檬（或萊姆）

適量冰塊

＊以上食材、調味用量皆可依個人喜好調整

a

b

c

d

步驟

Method

取一中小型平底鍋，放入培根、草菇、黃椒炒香，炒至培根香味熟透，放入秋葵和番茄丁繼續拌炒（a）。拌炒至差不多時，將蛋汁打散，並加入鮮奶油混合均勻（b）。將鮮奶油拌勻的蛋汁緩慢倒入鍋中，邊攪拌邊倒入；在剩下一半蛋汁液時，放入起司粉拌勻（此步驟會有點濃稠，不用擔心），拌勻後繼續緩慢倒入鍋中。

在攪拌過程中盡量讓汁液分布均勻，確認均勻，即可轉中小火靜置爐上煮約五到十分鐘。此時可用筷子戳入烘蛋內部確認是否下層已逐漸凝固成形。若已開始凝固成形，可放入烤箱內，180 度烘烤約 15 分鐘。前 10 分鐘上下全面烤，後 5 分鐘轉上層烘烤即可。

在等待烘蛋烘烤的過程中，我已開始著手準備起西西里咖啡的材料，等待取出烘蛋後便可在 5 分鐘內完成等待已久的早午餐。

手搖杯裡放八分滿的冰塊（我用的是 350cc 的手搖杯）。使用 2 顆巧克力咖啡球膠囊（請使用 shot 杯的份量），將咖啡、現擠萊姆汁和黑糖一起加入放置冰塊的手搖杯中，蓋起搖勻（c）。咖啡倒入杯中後，將手搖杯裡的泡泡舀出至咖啡表面，最後可磨些許萊姆皮於泡沫上方，完成（d）。

很多人可能會覺得單獨使用咖啡膠囊好像就無法再調整出自己喜歡的口味，其實不盡然。花點心思，詢問身邊一些朋友，或是自己加點小創意或小巧思，喝不膩的西西里咖啡和自己最愛的西班牙烘蛋，就是一個新奇意外的早餐驚喜。

雨日的抒情旋律

Step Three

裹著棉被、露出鼻頭，雨聲簌簌，天氣難得濕冷。起身後抓了件長毛衣套上，旋開百葉窗，看著窗外那層層烏雲傾倒下的傾盆大雨，換上室外拖，獨自站在陽台欄杆邊，些許水花噴濺沾濕棉衣，眼中的水滴越顯放大、空洞、模糊，漸漸地，望向深灰色的天空，雨水潮濕升起的柏油空氣，像是冬日的台北，倏忽地下起傾盆大雨，暫躲騎樓屋簷下時的濕冷，混濁著汽機車的排煙，有些悶臭，幸好摻雜了雨水而稀釋了些。

而那是我不時想念的雨日台北。挪動一步，向欄杆旁躍眼望下，雨滴大到濺起水花，芭蕉葉因雨滴重打而不停上下晃動，幸好有了這場乾林中的及時雨，打破了自己在這小房子裡的侷限，重新拾起了差點遺失的台北記憶。

回溯過去近三年的日子，雨季從不是伴隨這城市的友人，但二〇一四年卻來了場少見的颱風暴雨，內心莫明興奮，彷彿一覺醒來，久違的台北便將移師到了七、八千公里外的此處，感覺好近、好近。

記得第一次在這新城市下起雨的那天，獨自在 Santana Row 走著，Anthopologie 裡陳列著買不完、數不盡的雜貨，有些興奮，但從櫥窗內向外看去，雨有點大，掙扎著是否該為這極少降雨的城市買把新傘。戴起剛購入的毛帽，走進隔壁店內，廣播播放著 Far East Movement 的〈Like a G6〉，其實我並不常聽流行音樂。店裡有兩個外國學生小情侶，他們也是來躲雨的。

女孩問著男孩：「你最喜歡在雨天做什麼？」

男孩回答女孩：「我最喜歡在雨天和你一起散步。」

一旁的我，聽了他們的對話，覺得天真又可愛，想必可能是彼此初戀，如此單純美好。然而那份極其細微的坦率、直接的情緒，隨著戶外滴滴答答的雨聲，在我心底積成了水窪，想起曾經喜歡踏水的孩提的自己，潑濺出的是昔時記憶的陣陣水珠，剔透晶瑩——關於雨天，從小在樹林長大的我，我永遠忘不了的，其實是淹水。

當時約莫五、六歲，白天待在爺爺奶奶家，一處鐵路宿舍，後方是條水溝，下大雨時便會呈現黃河滔滔模樣。記得有回因雨又大又急，爺爺趕緊將阻擋洪水的木板放置門口防水閘，外層擺上好幾大袋沙包，而那次失效了。雨水不分晝夜傾倒，傍晚後淹水早已跨過木板臨界，朝著家中空白處急速填補。

短短不到二十分鐘，爺爺奶奶把能搬的家具全都架高到沙發上，客廳裡的小黃水池漂著舊式紅藍網狀室內拖，我和妹妹兩個人穿著雨鞋往二樓的樓梯走去，一人選了一格梯柱間，伸出短短的兩條腿，穿著當時稀有的粉紅色雨鞋，晃啊晃地直呼：「阿嬤，淹水好好玩噢！東西都會飄來飄去耶！」雨天的鐵路宿舍，始終是幼時無法忘記的回憶。

如果說，雨天是浪漫的，那麼，台北在我心裡絕對是浪漫之都之一。

在幾十坪大小的家中，我選了鄰靠落地窗的位置做為閱讀上網的秘密基地。舊金山天氣總是乾冷、風大，養成了總是將落地窗開著小縫，坐在旁邊使用電腦的習慣。因為想要呼吸外頭空氣，佯裝自己徜徉在自然空氣中，但又極度怕冷，窗門小縫便因此不停被開開關關。雨天除外。

雨天的舊金山，對我而言彌足珍貴。

每當氣象預告明天降雨，心情就會變得異常期待且興奮，隔日必定早起。確認半夜開始下雨後，起身後的第一件事便是把落地窗全給打開，冷不冷早已不是重點，重點是，迎進的每一道空氣，都是我對家人的思念，呼吸的每一口空氣，都是我對台北的想念。

那是內心很深、很深的糾葛，無人知曉。

除了爺爺家的奇妙記憶，樹林舊家四樓的淹水經驗更是深深影響了我對雨天的迷戀。

某年某日，從家中四樓陽台窗戶眺望，社區內外道路全都呈現黃涔涔的混濁，有人試著將車輛推往地勢較高處，有人則早已放棄搶救，任憑愛車被濁水滅頂。而我，最喜歡向外觀看雨天景物的位置是客廳的窗子。

窗戶拉開先是一道紗窗，外面還有放了幾盆植栽的深褐色鐵窗架。平時爸媽在家，只敢拉開玻璃窗，跪趴在深綠色皮沙發上，想著今天是開心的颱風假，望向街道上行人來來去去，家中對面的便當店這時生意是最好的。若是這天爸媽到爺爺奶奶家巡視時，便會偷偷打開紗窗，坐在鐵窗上感受雨滴因風飄灑身上，有時有點冷，有時有點害怕，但這是雨天一定要做的事。那年的我約莫十歲，自此愛上雨天。

在我的記憶裡，雨天永遠是快樂的。

譬如時常翻上心頭的另一座城市——西雅圖，相較少雨的舊金山，該城年近三分之二的時間皆逢雨日。西雅圖市區並不算大，以步行的比例尺而言，地廓方正且路名辨識度高也好記，是一個非常適合自助旅行的散步城市。印象中，每條街道走兩三步或轉彎角落，幾乎都座落有 Starbucks 或其他咖啡廳，不枉費咖啡之城的美譽。記得那趟五天四夜的旅途中，我沒有搭乘任何交通工具，僅拿了張地圖，緩慢地走遍了城市。

每逢雨天，我最喜歡煮杯香料酒或柚子茶，一整天只想閒晃，手握那杯熱飲，放著喜歡的音樂，打開落地窗，在室內和陽台間不停反覆穿梭，反覆駐足放空享受一場珍貴的雨。像是往日情境的不經意來襲，如果可以，是否西雅圖的雨季能多分一點給舊金山，也許就能不時提醒自己，那些因為經歷了太多的成長、抉擇或人情世故而逐漸微小、四散於來時途中的美好感觸，終究仍藏匿在這城市的某處，不曾離去，只是淡忘；記憶是被自己帶來了，但是往往需要設法從生活的各種細節中，重新翻找而出，譬如一陣雨。

藥膳燒酒蝦涮牛肉佐乾煎麻油麵線

Meal

適逢立冬，老爹在前幾日便在家人的臉書群組不停地說：「別忘了禮拜五要進補噢！」想著媽媽當天應該會煮麻油雞給我們燉補，那麼自己就來做點別的，一起湊成一整桌立冬家餚，讓家裡來桌熱滾滾的熱湯 Party 吧。

想著，此刻若在美國，這時我會想給自己做點什麼料理補補身子呢？毫不猶豫，決定立刻來做我愛的藥膳燒酒蝦。這次特地把燒酒蝦做成半鍋熱湯的形式，另外涮了牛肉，以及媽媽在坐月子時，奶奶做給媽媽吃的「客家版麵線蛋煎」。這天下午老爹一進門，就立馬走進廚房對著我排排站的燒酒蝦拍上幾張照片，做女兒的心裡想著的是：「第一次能為家人在立冬時，親手做道補身暖脾胃的菜餚，心裡其實偷偷地開心著。」

食材

Ingredients

〔燒酒蝦材料〕

1 斤大草蝦

5 ～ 8 根當歸

1 大把紅棗

1.5 ～ 2 杯米酒

1.5 ～ 2 杯紹興酒

1 盒牛肉片

約 5 ～ 7 根人蔘鬚

約 20 ～ 25 片黃耆

數片老薑

手掌 1 把枸杞

適量麻油

少許海鹽

〔麵線煎材料〕

1 捆麵線（1 ～ 2 人份）

1 顆蛋

1 鍋冷水

少許麻油

少許米酒

少許老薑末

少許蒜末

少許蔥花

適量五香胡椒鹽

＊以上食材、調味用量皆可依個人喜好調整

a
b
c
d

e
f
g
h

步驟

Method

燒酒蝦的作法，是先將蝦子從背後開背，約開 2/3 的程度即可（a），用較尖或細小的叉子挑出腸泥（b）。在挑蝦腸泥的同時，先起兩鍋，一鍋使用平底炒鍋，放入老薑片和麻油一起爆香；另一鍋用 LC 燉鍋，將所有藥材放入並加入清水大火煮滾約 5 ～ 10 分鐘（c）。老薑和麻油一起爆香後，放入草蝦，大火翻炒，先煎至兩面紅透，再稍稍蓋鍋中火悶一下，炒至有些橘紅焦黃後（d），將其夾起排入已滾 10 分鐘的 LC 藥膳鍋中（e）。接著，將米酒及紹興酒一起倒入「原平底鍋」中大火煮滾（f）（因原平底鍋中有殘留的蝦醬汁等調味，所以直接倒入加熱，並用長柄稍稍將平底鍋中的黏著物刮起，與滾水一起融化）等待湯水滾後，再倒入 LC 湯鍋中一起燉煮入味。最後可依個人口感加鹽調味（g），並趁燒酒蝦煮滾當中，將牛肉片放入鍋中涮起。

麵線蛋煎的作法，首先需起鍋滾水放入麵線煮滾、撈起，用乾淨開水沖洗，或靜置冷開水中約 1 分鐘後撈起備用（此動作是以防止煎麵線時，麵條會糊成一糰不易分開）。在原平底鍋（不需清洗）放入麻油、薑末和蒜末爆後，稍稍撥勻於平底鍋中央（h）。將撈起備用的麵線放於蒜末上，稍壓成餅狀，中火煎至底部成固定餅狀後再翻面。翻面後的底部不要煎太焦，稍呈固定餅狀便可先用鏟子盛起，在下方打顆蛋，再放上煎至一半的麵線再煎至金黃。最後淋上一點點麻油和米酒提味，盛盤後可灑些胡椒鹽、蔥花，即完成。

這次會想到用麵線煎，是因為以前奶奶都是用麵線煎的方式幫媽媽坐月子。先將麵線煎成了餅狀，再放入麻油雞湯中一起吃，最好玩的是，這樣一來，麵線在全酒的麻油雞湯裡不但又香又濃郁，而且無論怎麼浸泡在雞湯中，麵線煎都不會軟爛。已經好久沒在台灣過立冬了，今年做了自己一直很想做給家人的燒酒蝦補冬，希望今年和家人一起的冬天大家都能繼續平安健康的邁入即將到來的二〇一五年。

最遺憾的是沒遇上最想再感受的雨天，有些
悶熱潮濕的水氣從地底升空蔓延，對我來說，
那是最想念的味道和幸福感。

椒鹽烤雞腿

Meal

自我修復的過程，每個人都不同，我需要的是自我的獨立空間，能沉浸放空專心思考。當然，在以上這些必要條件外，父母的支持對我而言是一定要存在的事實。對於許多決定或選擇，無論他們給予的是無語、體諒、理解又或是支持，很多時候自己仍會擔心下一步是否踏得穩，畢竟自我修復後的改變，需要的是勇氣並非一時的衝動。

回過頭望向過去三年，在自己的心裡一直隱約有種：「這應該是老天爺給自己一段喘息休憩的時間，希望我能從中得到不同的自己，也學會更珍惜和家人在一起的時間。」一直是如此，只是自己從未向任何人提及此感。這樣的自我修復過程中，並不如外表看似的輕鬆，更不如大家在廚房看見自己那般時時有著用不完的活力，又或該說，一半的過程裡，內心是非常無奈且掙扎的。

記得上週末去 Bill's Cafe 吃我最愛的蟹肉班乃迪克蛋（他們家的 Egg Benedict 真的超級好吃），排了很久的隊伍，終於輪到我們時，最後一份剛被售出。那時坐在戶外傘下的我，內心想著：「內心自我修復的過程，是否也符合了天時地利人合，缺一不可。」大多時候，當錯過了某些 Timing，人生就得全部改寫了。

改變的過程總會令人有些害怕，但若因為害怕而不改變，持續下去的未來反而更令人恐懼。這對我而言，才是真正的無奈。自己開始在乎的事情變了，無論有形無形，就是變了。許多從前在乎的人事物，或具象化的事情，似乎在這修復的過程中，倏忽間都變得無關緊要，像是退了麻醉劑般恢復清醒。最重要的是，自己真正想要的是什麼，那才是最重要的事情。Just Follow Your Heart and Never Regret.

食材
Ingredients

4 隻帶皮雞腿（亦可多加烤雞翅）

自製椒鹽粉（請用鹽巴及胡椒粉 1：1 比例製作）

適量米酒

＊以上食材、調味用量皆可依個人喜好調整

a
b
c
d
e

步驟

Method

這道料理是在某次回洛杉磯過節時表嫂所教的。因為美國人都非常愛 BBQ，朋友有機會相聚時，一起相約烤肉似乎就成了必要的行程之一。記得那次表嫂說，烤雞腿要烤得好吃，一定要用自製的椒鹽粉。那時只覺得好奇，這樣的作法到底和一般市售的五香椒鹽粉有何不同？沒想到，自製的椒鹽粉真的非常好吃，用這樣調味方式烤出來的雞皮，脆度可是一點都不輸肯德基爺爺炸出來的炸雞腿。

當然，那時我們是用木炭烘烤，而表嫂也說過，這樣的調味方式一定要用木炭才會這麼酥脆好吃。可回到北加後，根本苦無機會約一群朋友們來 BBQ ，所以只好自己試試看是否用家用中型烤箱也能完成。基本上，我試過幾次，最後覺得只要之前有用米酒先醃過雞腿約 2、3 個小時（a）（b），且米酒不需過多，約器皿的 2 ～ 3 公分高度即可（c）。然後用同樣的方式將雞腿放置烤網上，送入預熱 235 度烤箱中，烤約 20 ～ 30 分鐘即完成（d）（烤網底下記得要放鐵盤盛裝烤出的多餘油脂）；用此方式，雞肉就能保持非常多汁軟嫩的口感。

在醃漬的過程中，約半小時就可稍微移動或將雞腿換面醃漬，以利全部肉質皆能均勻吸收米酒（e）。相較於木炭烤起來的酥脆，在家用烤箱烘烤的成果，可是一點也不遜色。最重要的是，這麼簡單的方式，可在自家廚房的簡單烤箱就能完成，也不需另外準備烤肉用具，這樣簡單方便的方式就能吃到脆皮椒鹽烤雞腿，一定要和大家分享一下才行。

Tuesday

一個被我歸類在不上不下、不前不後的尷尬日子。

星期二總是有著不知該如何是好的感覺。早上起床後除了沒有週一稍有的衝勁，也無週三是小週末的期待感，總覺得這是整個星期中，最不值得存在的一天。特別是總讓我想起從前週二下班後的業務會議，昏天暗地。

週二早餐依舊，打開冰箱抓些現有食材，三三兩兩拼湊成一個綜合三明治，但一定要有酪梨，煮杯現磨咖啡則是每日必備行程。邊吃著早餐，打開電腦點選連結台灣電視節目的網頁，早幾個小時前剛播完的連續劇和綜藝名嘴節目，正熱騰騰地上傳完畢，吃著早餐，此刻一個人享受著的是，那稍稍連結上台灣同步的一些細微。而螢幕右下方的時間，其實一直是台灣時區。

這天我通常不大外出，有時看書，有時敲打些文字，有時趁著有些陰冷微涼的天氣睡個午覺，接近傍晚時分便緩緩打理起簡單清淡的晚餐，不能吃得太多，因為兩小時後就得外出慢跑，這是週二固定的行程。每次大約十公里，時間則依循冬夏季時令稍作調整，加州的天氣固然宜人，但在陽光下慢跑依舊令人畏怯。

週二夜間的 FOX 影集大多以推理謀殺居多，養成習慣後便一季跟著一季著迷下去，漸漸地也愛上平日其他影集，雖然毫無字幕聽來有些費力，但對於身處異鄉的我，則是個逼自己練習聽力的好機會，雖然，聽不大懂而需要倒帶 Repeat 的地方還真不算少。

800
FRANCISCO

一件同時通往遠方和近處的行李

Step Four

滑開手機上的日曆，看著返台後躺在床沿近四個月的兩箱行李，當今的秋老虎亦不如從前涼爽宜人，音響撥放著歌詞輕快卻帶著思念的音樂，心情有些沉重。

每次從這兒飛回舊金山的感受，除去離家的難受之外，其實挺值得期待的；好比小時候每週假期，總等候著爸媽帶我們外出用餐逛街，那是種既期待放鬆卻又懼怕面對週一周而復始的矛盾心情。

這只紅色米奇行李箱陪我走過不算少的城市，從深圳、香港、曼谷、新加坡、韓國、舊金山、西雅圖、夏威夷、阿拉斯加等等，無一沒有它的陪伴。喜歡它是因為行李箱內配置分隔極完整，對於有些龜毛的我來說，即便它比另一只行李箱重上幾公斤，依舊無法將它淘汰。它存著我在打包行李時的每一份喜悅、期待，也將更多不同的回憶存置於腦中的記憶體裡。

記得剛抵達舊金山，因著女性年歲的尷尬時期及未婚狀態，獨自落地海關時便被邀請至一個令人恐懼發抖的小房間內對談。那種感覺至今仍存在我對於進入美國海關的恐懼中。那次的對話早已因緊張而忘卻，但當時手提著電腦，心裡焦急想著，外頭行李轉盤上的那兩只行李是否還安然存在？有否因時間延宕而被領走？那裡頭裝著的不只是日常，而是必須讓我心安的所有。

第二次回到舊金山，雖未再被刁難，但仍被發牌至檢視區開箱檢查，雖然後來順利通關，但當下覺得有些不幸運，怎總是自己？想起小時候，每週末爸媽都會開車帶我們從小小的樹林開車前往台北逛街吃飯，行經的路線從新莊到三重，到後來重新規劃的河堤區，不時塞車的擁擠感，偶爾讓人有些焦躁不耐，卻又期待著那好玩的行程。

台北到舊金山的往返，行李箱裡一定躺著一隻維尼熊，那是妹妹給我的。

第一次被檢查行李時，一打開便跳出一隻擠在行李箱口邊緣的維尼熊，幾個海關人員都笑了出來，而我有些羞赧。記得某日下午，妹妹敲了房門進來，問能否借我的空間放上幾隻她心愛的維尼熊，我選了其中一隻，而不知何時開始，便每日抱著他入睡，就算行李可能炸開或超重，我都會在最後一秒將他放進。有他在，才能睡著安心，無論在哪個城市、哪張床上，他都能給我完全的心安，躺在那張只屬於自己一個人的床上，擁著他安心睡去。

雖然住在北加，但所居城市是距離舊金山車程約莫五十分鐘的矽谷——San Jose。世界科技城，西岸華人繁多的地區之一。

小時候爸媽最常帶我們去的地方並非今日多數父母崇尚的大自然，而是散布在台北各地的百貨公司。當時的我，從樹林到台北的車程中，習慣坐在副駕駛座後方，和妹妹各執一邊。每次出門前，總要帶上存了好久零用錢才買的 CD 隨身聽和耳機。

從樹林到台北的車程約莫四十分鐘，帶上耳機，看著窗外，腦海畫面總有許多想像和期待，有著過去、也有著偷偷期望的未來。這習慣綿延至今一直保持著，特別是在難得坐上普悠瑪號列車到台東旅行時，耳機裡傳來陳昇的〈然而〉，想著某日的某個時分，望著那倒映反光的玻璃窗，視線所及滿是綠油油的稻田，心裡想著的是，要用力記下每一刻的畫面和腦海中想起的人事物，也許，這是我最後一次來台東。

而從 San Jose 到舊金山的車程也是約莫四、五十分鐘。平均每一到兩週我都會自己開車前往，若說一定得要帶上些什麼才能安心，那就是自己。

或許從小在台北長大，因此對於城市一直都有著莫名的熟悉感和熱愛。好比舊金山雖然是我很喜歡的藝文城市，但在我心中，擁擠繁雜多元的紐約在我心裡，依然比舊金山再高分些，因為「擁擠」是我所喜歡的體感，它能給我最完整包覆的安全感，而耳機則是將我和這城市隔離的最佳分隔線。

每週開車前往的那段路程，我都會將音樂放至耳膜能承受之最，一路驅車向北，哼著歌，心情像是沿著高速公路旁的里程數字，冉冉拾起前幾日掉落谷底的情緒，越往北、越開心。像是一種贖回自己的洗滌歷程，唯有回到這樣熙攘簇擁的城市街道，才能找回最原始的自己。

自從大二舉家從樹林搬至桃園，距離台北的車程反而因高速公路變得更近了。有朋友常問：「每天都到台北嗎？這樣開車不累嗎？不覺得這樣很麻煩嗎？」我常想，該怎麼形容自己有多麼熱愛從家裡開車到台北這短短二十五分鐘的心情，那是一個非常私密的空間和時間，沒有任何人的干擾，也沒有任何事物的攪擾，只有自己。

此外，在城市裡散步是我最喜歡的活動，而且是非常緩慢的步行。

抵達台北後，選了能停放長時間的停車場，開始步行。通常會先隨意吃點中餐，找間咖啡廳看書寫作，又或是翻翻雜誌、放空發呆，時間到了便起身前往瑜珈教室流汗一下，下課後梳洗完畢，大約晚上七、八點鐘。從忠孝復興站開始，沿路走到國父紀念館站，時而逛逛、時而停留，唯一不變的，是耳朵上的耳機不曾拿下。

看著大路小巷街道間男女來去，用他們的肢體和臉部表情猜測著彼此關係和發生的趣事，聽著音樂，用眼角餘光讀著他們的唇語，經過。我知道自己無法離開這城市，否則會因而窒息，但分隔線的圍籬仍舊有其存在的必要性。如此，才能拾起完整的自己。

無論在台北或舊金山，這樣的慢行，是每週必須執行的例行公事。一個找回自己的例行公事。

以往聽著爸爸在房門外叮嚀問著，要帶回舊金山的東西是否都準備好了？護照帶了沒？東西檢查了沒？每一句聽在心裡，其實都是淚水。檢查完畢，蓋上行李箱，鎖上安全鎖，綁上行李帶，出境前的海關隊伍依舊用安全感微笑著，轉身後立刻落下的淚水，那是他們永遠見不到的那個我。那個無時無刻都會讓自己完整呈現的我。

而那只紅色米奇行李箱，在每趟往返台北舊金山的飛行後，總會在箱內底層發現海關開過的紀錄單，或許，自以為沒人發現的驚慌，其實都已在這紀錄單上全部呈現。

夏日綜合野莓冰沙

Meal

說時遲那時快，上週才說邊想喝著冰沙邊碎念著下週可能生理期又要報到，這樣喝冰沙好嗎？但上週的加州實在是炎熱到爆炸了，若不幫自己做點沁涼消暑的水果原汁，大概出門返家前就會被曬成人乾了。

今天一起床，好朋友果然準時來訪，索性就趁今天來記錄一下上週自己做的綜合野莓冰沙吧！

食材

Ingredients

3 大湯匙香草希臘優格 Greek Yogurt

約 30 顆草莓

約 50 顆黑莓

一小杯淡蜂蜜水（備用）

＊以上食材、調味用量皆可依個人喜好調整

a

b

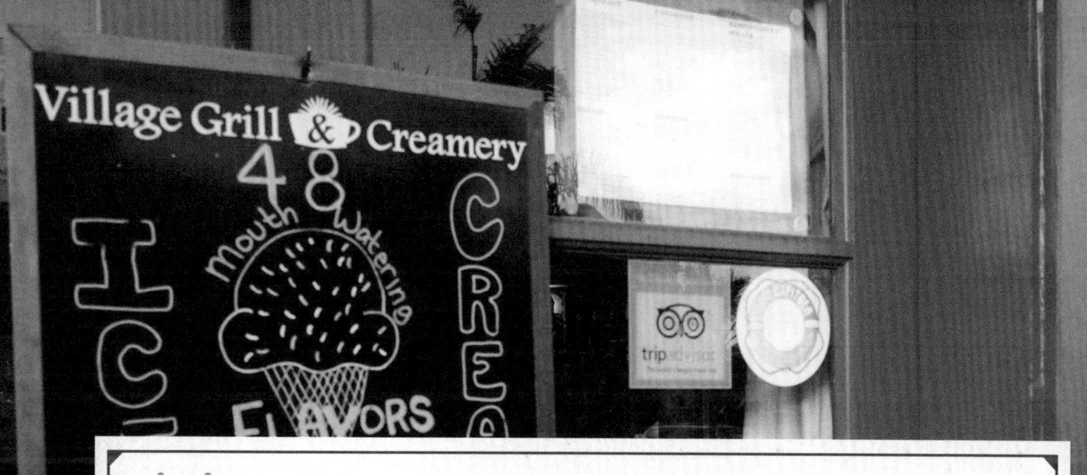

步驟

Method

說起冰沙，不得不好好說說這三年來我養成最好的習慣之一：起床後一定要喝一杯蔬果汁。一開始喝蔬果汁是為了想改善自己腸胃乳動及排便的習慣，但沒想到，喝著喝著，自己也喝出了許多蔬果搭配上的心得。除了早餐一定要搭配一杯蔬果，在傍晚慢跑前或後，也時常用蔬果汁做配合。後來也學著，該怎麼隨著不同季節盛產不同的水果，搭配出屬於自己喜愛的口感。這些都得靠自己一一嘗試才可得知。

將優酪乳加上水果打成優格冰沙，是將每日早晨打蔬果汁加優格的概念稍微挪動一下。以往總在 Jamba Juice 才能喝到原汁原味的蔬果汁，現在能在家動手做點冰冰涼涼的優格冰沙，是最幸福的事了。

先將草莓、黑莓先洗淨去蒂後，放進冷凍庫冰上個 1、2 天（a），這作用是直接取代冰塊加水果一起打成冰沙泥的功能，可讓冰沙喝起來更濃醇且口感更紮實。從冷凍庫取出結成水果冰塊的草莓和黑莓，放進果汁機裡，舀上 3 大湯匙希臘優格（Greek Yogurt）再加一些些蜂蜜水（b），先啟動慢速攪拌，等水果稍微打散了些後，就可直接轉成快速模式，直接打成冰沙泥。選個盛裝冰淇淋的透明杯，倒入剛打好的冰沙，在最上層放幾顆莓類水果和幾片薄荷葉，夏日午後沁涼消暑的冰沙就完成了。

城市的步行記憶

Step Five

每每回台前的一、兩個月，總是興奮期待和家人、老朋友們聚餐會面，逛逛許多老地方，瞧瞧哪兒改變了，多了間店或是關了一家餐廳，總之，前面的兩個多月應該算是蜜月期吧。一旦過了，便開始有點自以為地懷念起舊金山的一切，想著那裡的日子多麼規律，想著那兒的車子、行人多麼禮讓，想著那兒的空氣多麼新鮮，如此多的想念，竟開始有點厭倦回來的日子，卻又不真的想離開，矛盾便不斷循環重複。

舊金山一直是個偶讓人感覺置身交錯的地方，譬如只造訪過兩次的中國城。在 San Jose 的華人應算平均分配，台灣人、韓國人、日本人、大陸人等等，但印象中的中國城，似乎以香港人居多，店家多為兜售觀光紀念品。猶記某條街道上方幾乎三百六十五天都掛著滿天的黃燈籠，似元宵亦似宗廟，但其實只是中國氛圍的營造。

記憶如此奇妙，總是在不經意的時候，藉由一個突來的引信所點燃，一如心裡認為身處國外，實在沒必要特別前往中國城，然而、卻因為那裡此起彼落的廣東口音，讓我想起屬於自己的舊日時光，無論好壞、疲倦或者歡快，當一被喚醒，便就洶湧而至。

我經常重複走在自己喜愛的 Fillmore St.，整條路上有著許多精品店家，也有好幾間評價不錯的餐館，週末假日有時也會封街舉辦類似夏日爵士音樂季等活動，是個質感極好的區域。鄰近一旁是日本城，這樣的組合形式，讓我聯想到台北青田街、金華街和永康街一帶的街廓，街道寬幅恰到好處，步行空間舒服，視覺空間和綠化植栽等設計也是風格獨具；走幾步路便有咖啡廳可駐足，再走幾步路是常光顧的古早味餐室── 大隱酒食，就算接近深夜，十一點的永康公園還有一位阿伯，騎著野狼機車，裝載著木架組成的透明玻璃櫃，販賣自製的乾式滷味，人潮大排長龍，開賣後一小時即能收攤。

我始終是個喜歡散步的人，很緩慢的那種。

不確定是否因個性龜毛又太過無視於他人眼光，總認為走路是件非常優雅的事，一定得要緩慢進行，絕不能急躁，因為那會壞了姿態。又譬如那回在西雅圖緩慢步行的季節，秋末冬初，那個讓我感到最適切步行的優雅城市。記得當時來程已又餓又累，正準備用步行方式走遍這分寸剛好的微雨城市，尋找著地圖中標示的博物館，在前往目的地途中的某個轉彎角，看見一間老舊的菲律賓餐廳，玻璃門上貼著深褐色的隔熱紙，手把上方 Open 霓虹燈仍亮著。當時飄著細雨，拉著行李便往裡頭探究。

那是第一次吃到難以忘懷的香料飯——菲律賓蒜香飯，一吃便無法忘懷。五天的行程裡，因為太喜愛還特地繞回吃了兩次，對蒜香飯的喜愛可想而知。至今，無論是哪種香料飯，在製作過程中，腦海總會劃過那褐色玻璃門的轉彎角，內心不斷提醒著自己，有天，一定要再返回那座我最喜愛的微雨城市。

懂得步行是坦然接受城市空間於眼前大方展演，可以全面感受當地文化於己身的細膩梳洗，建築、飲食、文學、甚至音樂性，每一次轉彎或直行都是生活的即興，就像音符節奏的組合，每一種曲式皆有著記憶的曖昧性——這旋律有點熟悉，因為一種語言想到過往、因為一棟建築想起昔日光影，對我來說、步行是最適於面對、習慣舊金山的方式。

舊金山像是個藝術家，冷傲孤獨卻又絢麗耀眼，當煙火從 Bay Bridge 絢爛奔灑，煙霧退去後的夜空，僅剩那輪皎潔，如同握著彼此，一起看著舞台，從陌生、熟悉、綺麗，直至那幕僅屬於這晚才有的結局。舊金山的美，有些冷，有些瘋癲，但她擁有這世界最美麗的七彩旗幟，擁有也許不被允許的任何形式。如果能夠，我依舊會用盡全力擁抱她所帶給我的美好。

鹽漬牛肉三明治

Meal

忙碌了一整個禮拜，禮拜六的早晨終於有些時間把腦袋清理一下，把該補的日記文字給補起，否則，心裡總有些慌，擔心想記錄下的文字就這樣一溜煙又不見蹤影了。最近手上的三本書，一是非常推薦的《羊毛記》（Wool），二是東野圭吾的《解憂雜貨店》，三則是朋友推薦的《閱讀的力量》。或許是個人閱讀習慣是會選擇兩三本不同性質的書籍交替著看，以防太過枯燥乏味而放棄。若是以想要輕鬆自在來讀，東野圭吾的這本感人的《解憂雜貨店》，絕對是不二書選；《羊毛記》則是在台灣時就已有友人推薦，因此返美前立刻購入帶回，這本書真是厚得非常紮實，內容比較偏向虛實模擬的現實世界思想，但太過突兀的結尾確實令人有點傻眼，內心OS:「是有要出續集嗎？」（果然後來出了《塵土記》（Dust））。

最後一本《閱讀的力量》，是這朋友看完直接轉給我瞧瞧的。這是本介紹十位各界菁英的十種閱讀樣貌。透過他們的人生閱歷帶你了解閱讀對於自身改變的力量。最值得一提的是，我非常非常喜歡這些精英最後推薦自己閱讀書單的部分，特別是李家同教授的書單，不少都是我喜愛的偵探小說，且一開出就有四十本的書單。我想未來一年，書架上的書單，應該有部分已有著落了。

這陣子，挺喜歡燉煮不同各式食材，而前些日子在書架上的一本食譜中不小心瞄見「鹽漬牛肉」這道料理，加上前幾週剛看完《五星主廚快餐車》（Chef），電影裡主廚老爸在家做得那份滋滋滋作響的厚片起司三明治，讓我隔幾日便立馬到農夫市場晃幾圈、買幾塊牛肉，備一些自己喜歡吃的食材和一些容易取得的香料，一個早上洗洗、切切、拍拍，約莫兩小時就完成了。

食材

Ingredients

〔鹽漬牛肉材料〕

4～6 塊牛肉腿（或胸）

2～4 條 baby 紅蘿蔔

1～2 顆洋蔥

3～5 片月桂葉

1 小把丁香

5～8 顆八角

5～8 瓣大蒜瓣

1/3 杯麥芽醋

1/2 杯紅糖

適量百里香

適量胡椒粒

適量海鹽

〔牛肉三明治材料〕

2～3 片起司

1 顆雞蛋

2 片厚片土司

少許檸檬椒鹽

少許 Tabasco

＊以上食材、調味用量皆可依個人喜好調整

a
b
c
d
e
f
g

步驟

Method

鹽漬牛肉作法其實不難，只要先將牛肉、月桂葉、胡椒粒、丁香、八角、百里香、大蒜瓣、麥芽醋、紅糖、洋蔥和紅蘿蔔，一起放入鍋中（a），用蓋得過食材的水量，大火滾至沸（b），之後再蓋鍋轉小火，慢煮 1.5 小時（c）（建議不喜歡紅蘿蔔味道的朋友，可以從一開始就放進鍋中燉煮，因為紅蘿蔔會因為燉煮得非常軟嫩而吃不出原有的味道。反之，若不喜歡吃太爛紅蘿蔔的朋友，可在這個步驟最後十分鐘再放入鍋內一起煮滾）。

煮滾後，熄火並依舊保持蓋鍋狀態，放於爐上靜置涼後，送入冰箱冷藏兩天，之後就能隨時取出食用。冷藏兩日後取出的牛肉從照片中看起來好像有點醜醜的（但請不要被嚇歪），其實這就是正常且正確版的鹽漬牛肉（d）（e），且無論牛肉冷熱食用，對我來說都非常好吃。

在此，想特別推薦鹽漬時佐的 baby 紅蘿蔔（或使用一般超市的有機紅蘿蔔，其體積較小，也有相同效果）。很多人可能都不喜歡紅蘿蔔原有的味道，但若先選擇較小根的紅蘿蔔，並利用鹽漬的方式和香料的味道滲透覆蓋，紅蘿蔔的味道就完全吃不出來了；且入口軟嫩地立刻融化，完全收買我心。若是不喜歡冷冷吃的朋友，可直接重新加熱再吃就好。倘若，想要有不同吃法的話，就來繼續看看前幾日我幫自己做的早午餐：「鹽漬牛肉辣味厚片起司三明治」吧。

鹽漬牛肉三明治用料，需要先取出冷藏著的鹽漬牛肉，將其剁碎，放入平底鍋，與百里香、Tabasco 一起拌炒熟香（f），備用。接著，煎顆半熟蛋，並將吐司兩片放入平底鍋上兩面輪流烘烤，在吐司稍微開始焦黃時，在兩片吐司上皆放上辣味起司片，小火加熱至起司稍稍膨起；放上方才炒好的牛肉，持續加熱。最後把半熟太陽蛋放上即完成（g）。

上週的某天早晨，用這道備在冰箱的牛肉料理，做了份雙層辣味起司牛肉三明治，最後用牛奶鍋煮上一杯熱熱的香草奶茶，吃了紮實又香嫩的牛肉三明治後再開始一天的工作，真的感覺很幸福。對了，炒牛肉時可能會有些肉末沾鍋的部分，其實不需要特別處理掉再煎吐司，因為牛肉末的香味會稍稍帶上吐司邊，一點點的焦香和肉香交摻，吃起來反而更有酥脆感噢！

檸檬雞佐香料飯

Meal

再過兩天就要跨年了，大家都已經準備好要去哪倒數了嗎？其實我是個不大會特別過節日的人，通常只希望當天和另一半或家人一起吃個飯、看場電影、散個步，對我來說這就是最好的陪伴。跨年餐桌，腦子立刻浮現的是就是簡單方便又好吃的香料飯，希望能讓自己稍微緩和一下剛過完耶誕大餐的腸胃，也緩慢期待著二月農曆年的到來。

食材

Ingredients

〔檸檬雞材料〕

1/2 杯中筋麵粉（過篩）

1 又 1/2 大匙紅辣椒粉

3 大塊雞胸肉（切成一小口的大小）

約 70 克奶油（常溫融化）

適量青辣椒片

適量生蒜片

適量香料海鹽

適量黑胡椒粒

少許白糊椒粉

〔檸檬醬材料〕

1/4 杯醬油

3/4 杯檸檬原汁

1/2 杯義式沙拉醬

2 瓣大蒜（壓碎）

少許檸檬皮末

適量海鹽

適量黑胡椒

〔香料飯材料〕

2 杯泰國香米

1 顆洋蔥切丁

少許奶油

適量乾燥羅勒葉

適量海鹽

適量黑胡椒

＊以上食材、調味用量皆可依個人喜好調整

f
g
h
i

步驟

Method

烤箱預熱 200 度。先將大蒜切末，檸檬壓擠出原汁，備用（a）。拿一深碗將檸檬醬汁的材料全部混合在一起，攪拌均勻後，用保鮮膜覆蓋，送入冷藏約 30 分鐘或 1 小時皆可（b）。再取一深碗，將麵粉、辣椒粉、海鹽、胡椒混合均勻，並磨些檸檬皮末一起放入醬汁調味（c）。將切成一小口的雞肉均勻裹上粉，鋪平在刷上奶油的烤盤上（d），再於雞肉表面刷上奶油，送入烤箱約 20 ～ 30 分鐘左右（e）（烘烤中要稍微檢視一下雞肉狀態，若醬汁很快就烤乾，那麼就不宜再烤太久，雞肉會因此烘烤過乾）。

約莫 20 分鐘後，將雞肉翻面（若雞肉因太沾錫箔紙也可取出烤盤重新更換），倒進方才冷藏好的的檸檬醬汁，轉低溫至 120 度，續烤半小時（f）（此步驟仍需視每家的烤箱調整烤的時間，盡可能不要烤太乾，才能維持雞肉的軟嫩）。

在後段續烤的時間，先取一中淺平鍋，中火將奶油和洋蔥丁炒至香軟（g），隨後放入香米拌勻，中火加熱約 1 ～ 2 分鐘，過程不時攪拌。加入「滾水」並蓋過米高約 2 公分，蓋鍋轉中小火悶煮約 10 ～ 15 分鐘（h），熄火不開蓋悶約 10 分鐘（或更久也可以）。開鍋後，加入海鹽香料及胡椒鹽（或自己喜歡的香料皆可），用叉子拌勻及完成香料飯（i）。最後，取出烤箱內烤好的檸檬雞即可一起端上桌。

香料飯一直是自己餐桌上的常客，也是自己拿來招待客人的常勝軍。以前第一次做香料飯是在某次節慶時做的「檸檬香香飯」。那次印象極深。恰好那段時間是深夜食堂在台灣剛興起之時，自己在這兒也跟著做了好幾道；漫畫裡許多料理都非常簡單，雖早已忘了那時哪來的想法，想自製些和漫畫裡一樣簡單又好吃的料理，翻了翻櫥櫃，隨手便把家裡的泰國香米拿來作嘗試。

那回我用了小的土窯鍋直接加熱米飯至八、九分熟，蒸煮米飯時，先取一瓶底鍋，將白芝麻炒香，接著等待米飯蒸熟後倒置平底鍋中一起拌炒；起鍋前，擠了一整顆的檸檬稍微翻炒至乾，盛上桌後，還可再灑些炒過的白芝麻和些許檸檬皮提味。

開動前，用叉子拌呀拌地，時至今日，我依舊無法忘懷第一次吃到檸檬飯時的驚喜感，原來泰國香米用這樣的做法會這麼清新好吃；爾後，在造訪各個國家時，我都會問問是否有當地最道地的料理和香料米飯，因為，依據過去的經驗，幾乎很難有不好吃的香料飯。

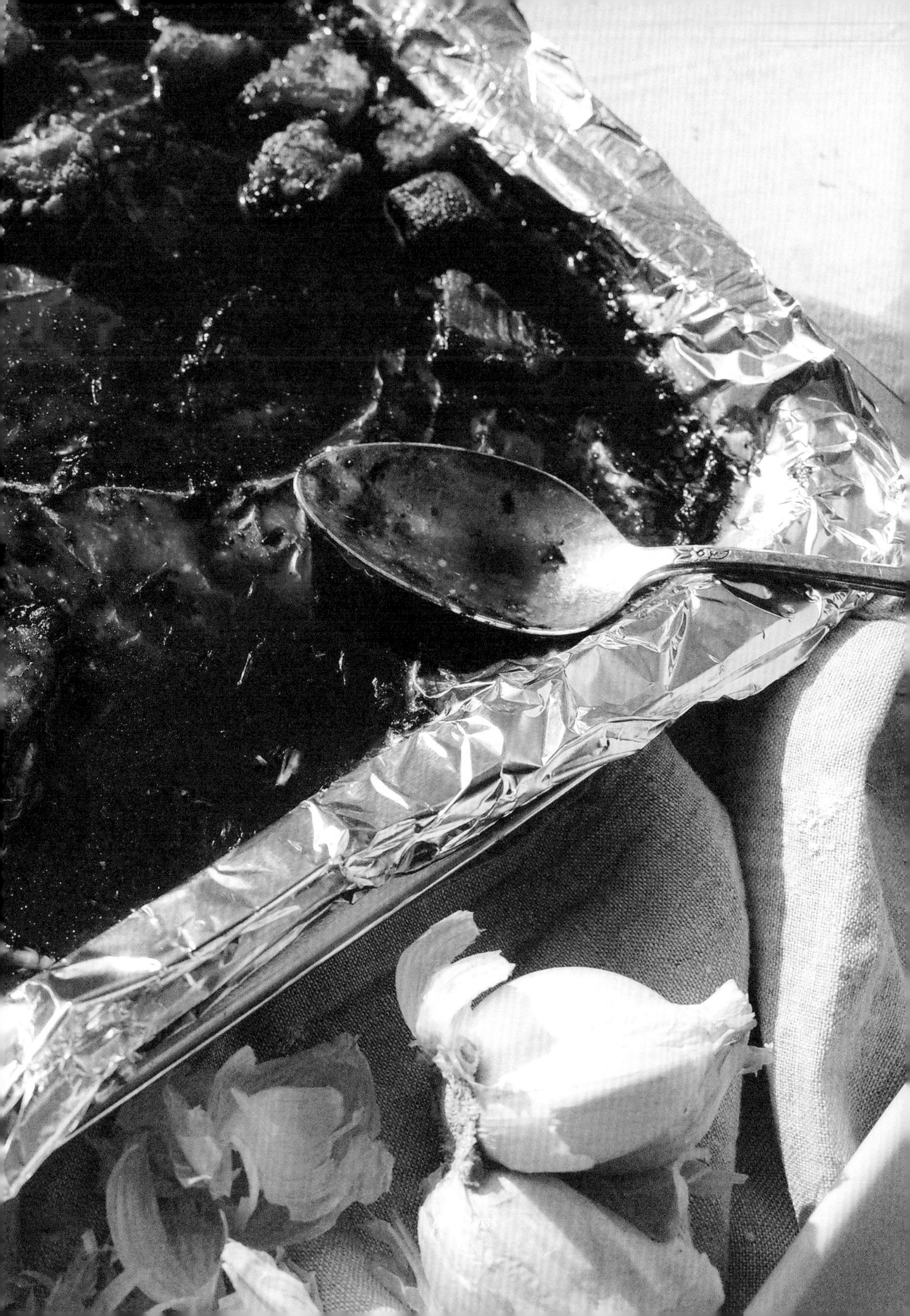

灣岸路線 I

一個人在路上

Stanford Shopping Center
San Jose Downtown
Santana Row
COCOLA Café
Anthropologie
OLIN Avenue Market
Urban Outfitter

Stanford Shopping Center

史丹佛大學旁的百貨商圈，特殊建築風格設計，使其擁有許多戶外空間，讓整體更顯層次。

Add	680 Stanford Shopping Ctr Palo Alto, CA 94304

San Jose Downtown

聖荷西的市中心有著常去的 MOMA，鄰近街道旁有電影院、電車、花店及開幕不久的 MUJI，週末不想走太遠時，到這兒晃晃是最實際的選擇。

Add	110 S Market St, San Jose, CA 95110

Santana Row

Santana Row 商區裡，最著名的莫過於這大樹下的空間，此處放置許多沙發座椅，人來人往的人們，總是張望著能找到休憩的一隅。

Add	377 Santana Row San Jose, CA 95128

COCOLA Café

一間總是充滿人情味的咖啡小店，有著美味的蛋糕、沙拉，以及時常聚集在此的華人氛圍。

Add	Santana Row, 333 Santana Row, San Jose, CA 95128

Anthropologie

聚集了世界各地的品牌，衣飾、家居、廚房、衛浴等等，是個讓女孩與女人都無法空手離開的夢幻世界。

Add	356 Santana Row San Jose, CA 95128

OLIN Avenue Market

品質極佳的各類食材、乾貨與調味物料，讓整體內部空間浸漬在一種善待料理的美意之中。

Add	Olin Avenue Market 355 Olin Avenue, Suite 1030 San Jose, CA 95128

Urban Outfitter

時常與許多設計師合作推出不同風格的流行或復古商品，一個十分受到美國年輕人喜愛的連鎖品牌。

Add	Santana Row, 355 Santana Row #1050, San Jose, CA 95128

一抹帶著午後該有杯咖啡和甜點的日子，
是個有點幸福的悠然小週末。

週二是個帶著期待的日子，這天時常想賴床，但又想好好依照計畫行事。一星期中的這天，是固定煮鍋黑糖奶茶的日子。打開電爐旁的廚櫃，拿出木製手把五百多毫升的小牛奶鍋，有時掙扎著今天想喝的口味是 Twinings earl grey，還是老爸從台灣讓我帶來的王德傳陳年黑製普洱茶。總之，這天只想放懶度過。

做了早餐，將奶茶倒進心愛的月印兔壺裡，擱置床頭邊，翻閱著這週輪替的書本，麵包碎屑不時交錯落在書本夾縫中，雖每每總是驚慌吹揮，卻仍改不了油漬烙印黃白書頁上的壞習慣，想想也便罷，或許如此，反而對某行段落更顯記憶。

滑開手機桌面音樂播放器，打開音響 Wi-Fi 連接器，聲音調至最大，The Piano Gays 的鋼琴是我的最愛，特別是 Jon Schmidt 為了小女兒所彈奏的〈Love Story Meets Love Story〉，總能再銜接上 Coldplay 的〈Viva de Vida〉讓心情更為之振奮。

翻閱著可能落至剩餘二分之一厚度的簡冊，是該起身準備晚餐的時間，這天，有些平淡，但期待著週末到來的情緒，早已微微高昂著。打開烤箱，香酥的鮭魚美奶滋就能完美上桌，吃點鹹甜，等待著睡到自然醒的週末夜。

微光閃耀的平衡感

Step Six

二〇一三年八月慢跑紀錄。根據七月紀錄繼續修正如下——

- **運動項目**：路上慢跑＋快走
- **運動時間**：目前改為平均 最少 45 分鐘，至多過 2.5 小時
  （依照當天日落和氣溫狀況而定，目前須提前於傍晚 6 點左右開始）
- **消耗卡路里**：300 ～ 700 大卡不等
  （須視自己設定的年紀和體重，才能得到的結果）
- **公里**：6 ～ 16 km
  （每週跑 3 ～ 4 天，其他天數則改以 8 ～ 10km 取代）
- **家中運動舒緩**：泡熱水澡 20 ～ 30 分鐘，運動舒緩膏按摩膝蓋（每日）
  腿部滾輪精油或拍打按摩不限時間（有空就做）
- **目前增加項目**：一週兩次 GYM 最輕量重訓，增加肌耐力
- **目前累積路跑公里數**：226.3km
  （From:2013/7/3 ～ 2013/8/26）

以上是我在慢跑滿八個月時，以 Nike Running & Runkeeper 為自己記錄下的狀態。

回頭看看，完全沒想過竟有天會對某項運動如此著迷，更別說想過自己能這樣跑 21 公里，完全不需停下來休息。關於慢跑習慣的養成，除了訝異還是只有訝異，畢竟原本自己對於運動是個非常懶惰的人。在決定開始從健身房轉往公路慢跑前，為了給自己一定要確切達到的目標，毫不猶豫地直接提前一年報名了「舊金山馬拉松半馬賽」（多數國際路跑都會提前一年開始開放早鳥報名，好讓跑者準備也讓自己下定決心）。

記得當晚報完名後，立刻收到 E-mail 通知已報名完成，繳費收據電子檔就擺在眼前，

當下只覺幾個小時前的自己大概暫時腦中風，心裡有點歇斯底里地怪自己倉促上陣，但也已無法假裝沒事；這下可好了，處女座愛逞強又堅持完美的個性在此刻發揮得淋漓盡致，鐵了心報名，接下來的一年，就像簽了賣身契一樣，沒法再笑嘻嘻說，先吃完再談減肥這種自欺欺人的話了。

提到慢跑可幫助減肥這件事，說實話，對我的減肥計畫來說真的沒有太大效果（因為運動後的脂肪會轉化成肌肉，肌肉的重量要比脂肪來的重，所以體重不會明顯下降，但肌肉線條確實會變比較好看）。慢跑前兩個小時，我一定要吃完該進食的食物，大多以水果優格燕麥這類的食物搭配為主，水果則依照四季調整，優格大多以原味或草莓口味為主，或是簡單打一杯超纖維蔬果汁（但須注意的是，其實每每喝完蔬果汁去跑步，都會有散不完的微微熱氣從身後衝出……）。

慢跑，是自己和自己比賽，也是對自己的人生挑戰。

在台灣，在台北，總是被形形色色的花花世界包圍，就算不上夜店、不去 KTV，總還是有著許多致命的吸引力，不停在身邊轉啊轉地；來到了這兒，雖然我最常跟朋友說，這邪惡大國絕對是連烏龜都懶得靠岸的國家，但，雖是無聊了點、太陽也烈了點、買東西／吃東西的距離遠了點、外食真的又難吃而且還貴了超大一點……總之就是這些點點點，說實在話，要在美國存錢買房真沒大家想像中容易，每年繳的房屋稅額之高，也和大家在影集或電影上看到的完全不同，其實有些辛苦。然而，除了上述這些，風景宜人、空氣新鮮、住家四周路線都非常適合慢跑，真的是個非常適合人居住的地方。

記得第一年返台度假探親，當時回到台北仍會感到無形的壓力，似乎依舊是從前那份在乎別人眼光下的異樣眼光，好比忠孝東路走九遍，真可能會越走越懷疑自己是不是哪兒長得不大對勁、甚或越沒自信，路上數不完的年輕女生，怎麼臉小到比鵝蛋還小還尖，腿比白鷺鷥還挺直。雖說美國是個烏龜不上岸的地方，但來到了這裡，我才真的相信，原來女生真的可以不用這麼瘦，原來女生真的可以不用化妝就能出門，原來真的有男生真心熱愛喜歡運動且有自己想法的女生；原來，身上沒有名牌包、沒有假睫毛、沒有指甲油，竟活得比以前的任何一個時刻都來得更有自信、更開心。

當然，更重要的是——自己比從前更容易知足且珍惜現有的生活。

雖說這邪惡大國有時不怎麼討喜，有時也會遇到少數仍有種族歧視的白人，不過，基本上這兒的人們都很友善。例如在慢跑時，只要遇到白人，他們一定會笑著打招呼，還有次在湖邊公園慢跑時，遇到了一對正在運動的黑人情侶，當我跑步經過，非常誇張的讚美著他們很愛我的螢光跑步鞋之類的。

不得不承認，似乎是在慢跑後才真的越來越注意身體健康、飲食和生活作息。很多保健食品以前總是記得才吃（年輕有本錢時，確實能比較囂張！），但開始慢跑後，默默地會仔細注意起自己身體一點一滴的變化，除了女生在意的體重外，最最重要的就是要保健我的膝蓋和睡眠品質。

所以開始在每天早上起床時強迫自己喝 500 cc 開水，除了原本唯一吃的 Q10 和 B 群，也開始固定吃維骨力和鈣片（一天兩顆，早晨一顆睡前一顆，除了補充女生很需要的鈣質外，睡前吃也有穩定睡眠的效果，個人覺得蠻有效）在固定吃保健食品大大改善自己膝力和睡眠品質後，去年回台灣更決定開始重新拾回另一個習慣——瑜珈。

每週固定跑步 3 ～ 4 天之外，其他時日我會以快走 1 小時取代，不限時數，有時間就多走，最少 30 分鐘（個人 1 小時大約走 6 ～ 6.5km 左右）雖然快走所流的汗好像沒那麼多，但其實使用到全身（特別是下半身）的肌肉群以及消耗的脂肪都會比快跑來得多（這時候不得不私心推薦馬克媽媽的慢跑人生部落格，圖文並茂還有可愛的馬克，非常歡樂實用啊）。所以我現在慢跑之前，都會先簡單快走 1km 後才開始慢跑，若慢跑完還有時間也會快走 1 ～ 2 兩公里當作舒緩，個人覺得這樣的配合真的蠻有成效。

去年返美，開始固定每週 4 ～ 5 天的瑜珈，慢跑則改為一週 2 ～ 3 次，因為想開始著重在肌肉線條的均衡和自己身體的核心力量。也許，看到此刻的你會覺得這是閒情逸致的人才有空做的事，但我想說的是，我曾在一本書看到一句話：「一個人如何對待自己的身體與個性有關。」也許這兒確實有比較好的環境讓大家都能四處慢跑，但一種習慣的養成，絕對能看出一個人對自己人生的一種態度和冀望。

不一定要健康的慢跑，不一定要優雅的瑜珈，但，請務必幫自己找到一個可以讓自己平靜的習慣，無論是閱讀、音樂、電影、咖啡、繪畫⋯⋯任何一樣能讓心平靜下來並和自己相處的一個習慣，那就是能帶領自己往更真實的方向走去。

試著幫自己培養一個能平衡自己人生的習慣，然後跟我一起吃健康的優格餐吧：）

酪梨洋蔥抹醬

Meal

酪梨對我而言，永遠都是做三明治或是沙拉的最好良伴。

三明治裡放上酪梨，無論是用抹醬或切片的方式，任何口味的三明治都能瞬間變得非常好吃（保證）。沙拉葉無論綜合或是單種葉片，有時為了增添濕潤口感，就會不自覺地多加了過多的和風油醋醬或沙拉醬，特別像是遇到口感稍稍偏澀感的 baby 菠菜葉。因此，酪梨是種非常適合用來一次解決許多口感上帶來各式問題的食材。

因為酪梨含有豐富油脂，因此很多人依照網路上的資訊，會誤以為吃了酪梨就會變胖，其實不然（但吃多是一定會變胖的）。酪梨雖含油量高，但也因在食用後容易有飽足感，除了能降低吃些其他垃圾食物外，更能在沙拉的搭配當中，直接省去使用沙拉醬的步驟（我很常用這樣的方式做搭配）。另外，酪梨之所以特別，是因其主要成份是對人體有非常好的單元不飽和脂肪酸及必需脂肪酸，因此，無論是對於膽固醇、心血管疾病等都有良好的助益。

食材 / 約 1 ～ 2 人份

Ingredients

1/4 顆洋蔥切丁

1/4 顆番茄切丁

1 顆酪梨

3 大匙蜂蜜芥茉醬

2 大匙哇沙米醬

少許玉米粒

約手掌 1 把生菜葉

少許柳橙果肉

＊以上食材、調味用量皆可依個人喜好調整

a
b
c
d

Method

在取出酪梨果肉時，強烈建議先將酪梨尚未挖出前先劃小格十字（像吃芒果那樣），之後挖至碗中會比較好拌勻（a），特別是還有點稍硬的酪梨，非常建議用這種方式。而拌勻的器材，個人推薦使用塗抹果醬的「抹刀」，用抹刀不但可切、可拌，也比用湯匙壓碎的方式來得好處理。

其實平常做抹醬時，通常都是看家裡有什麼就放什麼，因為外面超市賣的酪梨抹醬口味方式組合很多，就看自己喜歡什麼食材，只要能搭得起來的，基本上都能試試。唯一要注意，酪梨抹醬最好是當下做好、盡快吃完，否則氧化變黑的速度非常快。如果真的得放至隔天再吃（放到隔天不會壞掉，只是會有表面氧化），可試著在表面擠上檸檬汁或是鋪上一、兩片檸檬片（此作用在減少其氧化變黑的程度）；這樣一來，就不用擔心一次做太多會有吃不完的煩惱了。

這次除了洋蔥外，另外加了番茄、玉米和生菜葉末（b），這種組合在市面上販售的酪梨 dip 也挺常見。生菜葉的部份我並沒有特別挑選，基本上只要是生菜葉切碎都可以（我曾在超市看過使用 Kale 做的版本）。洋蔥的部份，則是因自己比較喜歡吃有點辛嗆辣的口感，因此跳過浸泡冰水除去辛嗆味的步驟，切丁後直接加入。至於要注意的是，在番茄切丁的過程中，請盡量保留果肉內的汁液，並在攪拌時一起加入。原因在於，酪梨搗成泥要做成抹醬，果肉可能有些偏乾，因此可利用番茄果肉內的水分增加其濕潤度，並加以拌勻；另外蜂蜜芥茉醬也是很好的助手。至於哇沙米就看個人口味，適量加一些即可（c），最後留剩一些，和柳橙丁拌勻，可準備吐司或小餅乾，沾著抹醬就能吃了（d）。

爐烤大蒜

Meal

在美國的日子，不時會因我們的廚房而收到廠商邀約試做，記得某次試做，自己選了非常喜歡的食材「大蒜」來嘗試。而這次去參加大蒜園遊會，又讓我想起了可再烤個不同大蒜口味的想法。畢竟，自己是個生蒜控，無論是大腸包小腸、海鹽牛小排、鹽麴秋刀魚等等，基本上大概所有能搭上的食材，我能都配生大蒜吃，可我卻很容易因為吃生蒜而導致肚子脹氣到無法消化，所以這道烤大蒜只能在自己嘴饞時才可上桌。

食材

Ingredients

5 顆大蒜
少許奶油
少許橄欖油
橄欖鹹麵包

＊以上食材、調味用量皆可依個人

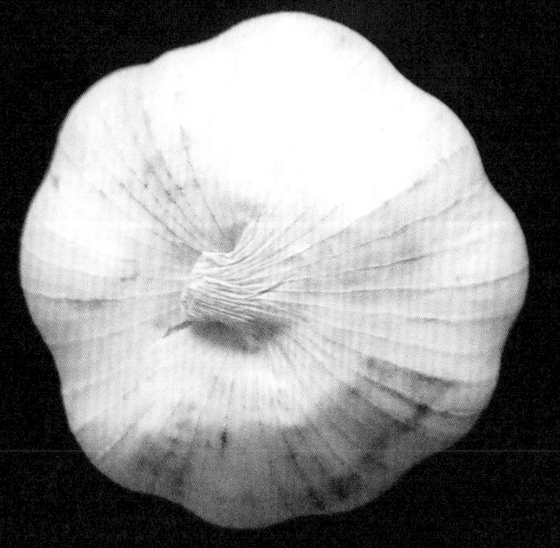

a
b
c

步驟

Method

第一次試做爐烤大蒜時才發現，其材料異常的簡單，最重要的是，在採買大蒜時要挑選完整且整顆的大蒜，然後將其頂部切平，用錫箔紙將整顆大蒜包裹起來（a），淋上些許奶油（橄欖油）（b），送進預熱好的烤箱烤個 45 分鐘左右，取出時就完成了。雖說第一次試做就非常滿意，但後來不知怎麼，每次都用自己改版的奶油來烘烤。一開始只是想試看看不同的調味會有怎麼樣的差異，結果奶油的鹹味搭著熱呼呼軟綿綿的大蒜，實在令人難以抵擋。

如果有人懷疑，難道這樣就完成了嗎？是的，這樣就完成了一道在外頭看似非常厲害，但在家也能簡單完成的爐烤大蒜。要提醒大家的是，在烘烤的過程中，別忘了烤網下要記得放烤盤。因為大蒜在烘烤時，部分奶油會從鋁箔紙滴出，一不小心若是滴到烤箱裡的電條，滋滋滋的聲響就要小心了，一定要特別注意。

一開始我完全沒有想到烤出來的大蒜會這麼這麼好吃。一來是因為其實有點懷疑，才這麼幾顆蒜，而且還這麼小顆，需要烤這麼久嗎？烤這麼久不會乾掉嗎？結果，乖乖地等待烘烤，完成後從烤箱取出，迫不及待地打開燒燙燙的鋁箔紙，想看看到底裡頭烤成什麼樣子。烘烤完後的大蒜，熱熱軟軟的，因為用奶油烤的關係，所以打開鋁箔紙時空氣中就已開始飄散著淡淡的奶油香，大蒜烤出來的顏色也會稍稍比以前試做橄欖油版本的顏色來的深一些（c），帶點焦黃的褐黃色，怎麼看都吸引人，重點是非常好吃（熱愛大蒜的朋友請一定要試試看）。

烤好的大蒜因為很軟，所以用叉子或是尖尖的餐具直接整顆挖出來吃會比較方便，抹在棍子麵包上也非常好吃。偷偷說，我自己比較喜歡吃剛烤好熱熱的爐烤大蒜，而且光是這天，自己一個人就吃了整整三大顆大蒜，整晚排氣排到隔天中午都還在持續，效果非常驚人啊！

料理者的心

Step Seven

從開始在美國自學料理至今，每次認識新朋友總是會被問：「妳以前就會烹飪了嗎？還是本來就有興趣？」兩者皆否。事實上，我是個有點懶惰的人，隻身前往美國前，其實從未自行完整料理過一道菜，更甭說是有興趣了。

過往對於烹飪的印象全來自將我一手帶大的奶奶和媽媽。

奶奶是個什麼都會做的客家婆婆，小至湯圓大至蒸籠裡的蘿蔔糕、紅豆年糕、鹹甜粽、東坡肉等等，逢年過節沒有一樣不出自奶奶的巧手，當然，媽媽也和她學了不少。從媽媽娘家那兒來的記憶，即是每次回外公家時，媽媽總是廚房裡的大廚，旁邊幾個阿姨和舅媽們幫忙端進端出，而我們這些表兄弟姊妹們就在客廳玩跳棋或比手畫腳，那時印象最深的就是媽媽的招牌三杯雞。

決定自學下廚，一部份為了家人，一部份則因為在美國有時真的很難吃到嘴饞又想念的家鄉味，即便能輕易買到，仍舊不道地。為此，我開始認真上網搜尋一些簡易家鄉食譜，慢慢買起初學者的鍋碗瓢盆，那時的自己，大概不能料想，會有那麼一天，這些晶瑩剔透又或質樸溫厚的餐具，如今會成為小心翼翼收藏的珍寶。

一旦開始自學烹飪後，慢慢也必須學著挑菜、選菜。在美國的超市有非常多種類，大致分成美國、日本、韓國和華人超市，而美國超市又有許多獨立品牌的有機超市，例如 Whole Foods Market 和 Trader Joe's 就是我最喜歡也最常去的選項。

一般來說，我通常以食材種類來區分超市的使用性。例如今天想要買蔬菜類或是蒜頭等根莖類，通常會選擇到韓國超市，價格較日本超市便宜許多，新鮮程度卻是不相上下；而不選擇離家最近的華人超市，原因是，在該處購買到的蔬菜類食材，除了新鮮感欠佳，其保存度比起日韓超市相對低上許多，這點至今依舊讓我匪夷所思。

至於選擇肉類的方式則沒有一定。一來華人超市比較容易買到鴨或鵝這類食材，但雞肉豬肉牛肉的選用，確實比較不那麼計較。不過自從一位友人姐姐推薦 Whole Food 的牛肉後，自此便愛上它們的有機牛肉，甚至難採買的雞肝在這兒也能買到；有機食材的價格雖稍不親民，但若是家中有小朋友的爸媽，這會是非常好的選擇。

在我學習料理的經驗和過程中，最喜歡嘗試各式各樣不同國家的創意料理，特別是上網蒐集食譜，從中添加想像，調整或變化不同食材或調味，創作出屬於自己家最適合的味道，這是非常好玩的過程。

不可否認的是，自我學習料理的過程中，因為沒有任何正統經驗，對於所有食材的特性與處理方式，其實都是在一點一滴的錯誤中修正，也因為內心仍有著過往工作所帶來的好勝心，對於要將烹飪這件再平淡不過的日常事學好，仍抱持極大的決心。其實，學習料理需要非常大的耐心和用心。

在這三年自我學習的過程中，最幸運的是，身處美國這大熔爐裡，能有機會吸取許多不同的資訊；因為這兒有著各式人種，每個人都會想念自己家鄉的味道，因此能購買到的食材和香料自然比在台灣多上許多且容易取得。

好比住在矽谷這三年，因為地域產業的因素，這兒的工程師大部份是印度人，因此，我所居住的社區大約有八成以上都是印度家庭。時常到了晚餐時間，一打開門，整條走廊或經過窗外都能聞到撲鼻而來的各式香料味，還有各種不同辛香的咖哩味；習慣爾後，反而有時沒聞到那些不知名的香料味，心裡反而感到有些詭異，想著不知這幾日鄰居們是否都還安好。

回到台灣的時間，其實並沒有如同在美國那般勤勞下廚，原因無他，只因有個煮什麼都覺得超美味的超強老媽。

在我心裡，媽媽就是行動廚房，一位隨時都能烹煮出我最熟悉味道的大廚。永遠記得，每當她在廚房大展身手，在一旁晃呀晃的老爹總會說上兩句，要我們好好把媽媽的手藝給學下來，否則以後他們兩老離開了，就再也吃不到媽媽的味道了。

當時年紀小，對於料理亦無熱情，更不會往老爸說的方向多想，只覺得做飯好麻煩，反正媽媽會煮，我們有得吃就好。如今，我感謝的是離家的這三年。因為離家，才發現料理其實需要很多愛，對於另一半的愛，對於家人的愛，甚至對於下一代的愛。

在我學習料理中，最寶貴的經驗是，除了必須盡可能僅記烹煮步驟之外，最重要的是，料理者當下的內心，一定都牽掛著某個人。因為這股力量，過程中才能有足夠的耐心和毅力去完成也許從未嘗試過的新菜色。這是對於一個人的在乎，更是彼間最深的記憶。

對於未來，我依舊想要嘗試許多不同的新料理，也許在台灣沒有我最愛的 Whole Food，但我仍舊會用這一路走來的好勝心，拿出在舊金山那小小廚房裡研究時的強大動力，爾後，慢慢挖掘台灣各地不同的有機或特殊食材。

最後，我未來會在自己設計的家中，設置一個偌大的中島廚房，和一旁延伸出八人座的木製長桌，那是家裡的重心；也或許，在不久的將來，某個晴朗的週末夏日早晨，我會趁著家人們仍熟睡時，躡手躡腳地起床梳洗，在廚房悠閒地準備早午餐，一邊用心愛的牛奶鍋煮自己最喜愛的阿薩姆奶茶，另一旁則為另一半煮杯手沖黑咖啡；我想，這是個不遠的將來，也是我最想用料理溫暖家人的愛。無論在哪。

南瓜西芹花椰培根巧達湯

Meal

在我的料理餐桌上，最少出現的料理應該就屬湯品。在奶奶教養我的成長記憶中，奶奶的餐桌上甚少出現所謂四菜一湯的固定模式，通常有的大概是一週一鍋人蔘雞湯、四神湯、糙米粥或客家鹹湯圓之類，少有所謂為了一餐而煮的一鍋小湯品。

媽媽的廚房爐灶上，也時常會為我們三人煮鍋大鍋的湯品存放。夏天有我們都愛的綠豆湯，一鍋煮得軟爛糊些，那是爸爸和妹妹喜歡的，而另一旁小鍋的，則是我喜歡有口感的清湯顆粒版；媽媽有空時，還會用爸爸的舊手帕，教我們怎麼洗愛玉籽，也會在週末從傳統市場帶回黑嫩滑溜的仙草，整個夏天都有媽媽為我們消暑的愛的點心。冬天的爐灶花樣又更多了；有最常出現的嫩薑片雞湯、菜心芹菜魚丸湯、人蔘雞湯、麻油雞湯、刈菜清燉薑片雞湯、山藥紅棗雞湯、紅燒獅子頭、粗米粉湯及各式海鮮魚湯等等，還有我總是愛嚷嚷著想喝的紅豆湯。媽媽總會在我嚷嚷當晚就煮好在爐上，放進悶燒鍋裡悶個一晚，隔天加點紅糖再滾一下，熱呼呼的暖心紅豆湯就能一碗接一碗地喝下肚。這也是為什麼我總說：「在台灣當爹娘的女兒是一輩子最幸福的事。」若不是自己學著生活，我想，有這麼棒的媽媽在身邊，哪個女兒還會想要學料理呢？再怎麼煮，自己的料理中，似乎總覺得少了個什麼味，或許就是大家口中那「媽媽的味道」，對我來說，那是我深深想念家的味道。

食材

Ingredients

1 顆南瓜
1 顆洋蔥
1 大株綠花椰菜
2 根西芹
3 片月桂葉
適量切達起司片
少許酥炸培根碎末
少許黑胡椒
少許百里香香料海鹽
少許鮮奶油
烤麵包丁 Croutons

＊以上食材、調味用量皆可依個人喜好調整

McCormick
PEPPERCORN
MEDLEY
GRINDER
Salt

a
PEPPERCORN
MEDLEY
GRINDER
b

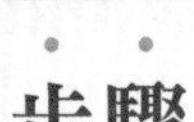

步驟

Method

第一次喜歡上巧達湯是在 Sausalito 的 Fish 餐廳喝到的超濃郁海鮮奶油巧達濃湯；旅行中，在西雅圖的 Farmer's Market 也喝到海邊最新鮮的巧達濃湯。之後便想著，自己返家後也來試著煮鍋濃湯喝喝好了。

因自己偏好南瓜口味，因此發揮了自己幻想白日夢的想像力，用腦子組合起對食材想像的味道，意外做出這道超令人驚艷的「南瓜西芹花椰培根巧達濃湯」做為自己口袋裡的一道冬日湯品。

先用奶油炒香洋蔥、西芹和 7、8 顆大蒜（不用切），加入點鮮奶油和雞高湯熬煮約 10 分鐘，再加入去皮蒸熟的一整顆南瓜（可帶一點籽），攪拌熬煮約 10 分鐘（a）。將熬煮好的食材撈起至料理機，加上幾株綠花椰和鍋裡剩餘高湯一起打成泥，最後再倒回鍋中，加點香料海鹽及胡椒熬煮 5 分鐘即完成（b）。

盛碗後記得灑些香蒜麵包丁和培根碎末一起拌勻吃，這看似平淡的南瓜濃湯絕對會是意想不到的好味道。順道一提，這道料理中，若西芹多放些，那麼南瓜味道就會淡化許多，因此，對於不喜歡吃南瓜的人來說，這絕對是非常有趣且成功率極高的新嘗試（男生多吃南瓜對健康是非常好的喲）。

一幅來自於人的景致

Step Eight

某日的舊金山，陽光暖烘和煦，低溫依舊，帶上耳機，把城市的空間密度隔離在耳膜外，走進一間鋪滿黑白馬賽克地磚的咖啡店，今天不照舊黑咖啡，選了在台灣最愛喝的熱奶茶，冷空氣讓握著外帶杯的手扣得更緊了。

當時耳機裡播放著劉若英的〈親愛的路人〉，想起了過去的青春，眼角開始浸濕，在這偌大的城市中假裝飛行，從不需要擔心旁人漂游過的眼神，走過佈滿七彩旗幟的街廓，所有人的眼中似乎都只有著最愛的那個身影，很深。

甫抵美國三週後，確認了社區大學的課程，每週兩次的語言課程，其實更多是想認識新朋友的假勇氣。有些怕生的我，到了從沒生活過的國度，心知嘴上的逞強是給父母的安心；幸好天性樂觀，雖然有些擔憂，卻也沒帶來太多困擾，也因此在短短片時裡認識了許多來自各地的同學們，從上海、韓國、日本、義大利、東歐國家等等，一個班上有著將近十個國家的人種，異常有趣，特別是在朗誦文章和分組練習時，頓時，同學們似乎都認為台灣人的英文真好（特別是發音），其實，真的還好。

上課幾週後，同學們開始熟識，開始輪流邀請同學們到自己家中作客，這是最好玩也最深的記憶。當時班上同學最多的族群是韓國年輕媽媽們，在某次下課後，大家七嘴八舌一起走往停車場途中，彼此使用速度緩慢且多次發音，有時還需要帶點比手畫腳才能溝通的有趣模式，約定了隔週，一起到剛新婚的韓國太太家中作客，她說那天要教我們怎麼自己在家製作泡菜。那是我第一次吃到自己醃製的泡菜，也是第一次發現，舌根對於辣味的接受度其實頗高。

在每次與各國同學的交談過程中，默默察覺，無形中，這看似不起眼的生活化，似乎逐漸把可能存在內心的一些自卑感，慢慢隨著練習交談間緩慢淡化。

在日常練習與當地人交談中，我深深感受到的是，他們給予他人自信心的力量是非常強大的。

從小的台灣教育裡，我們總是怕自已說錯話、做錯事，深怕一不小心因為任何失誤而在大家的目光下感到丟臉，因此，我們越來越害怕接觸不擅長的事，有時甚對新事物的接受度也越來越低；更擔心，萬一如果……又會有怎樣的異樣眼光。

在這裡，我最喜歡的練習對象是各大超市的員工或收銀人員。他們總會在我們踏上的第一步時和你說句“Hi, how's going? Everything's okay? ”久而久之，我也養成了習慣，在往前一步時，自然地說聲 Hi。結帳過程中，從一開始可能有些吃力的交談，到後來能與工作人員、排隊的顧客們，聊著最近發生的時事或一旁八卦雜誌中的生活趣事。這是最簡單的日常生活，卻無形地幫我累積某些自信心，解決了對於外國人口條快速的恐懼感。這是他們給予我的自信和美好。

反觀台灣，我們似乎總不斷因內心作祟、不斷矮化自己而有些羞赧。記得年初妹妹和友人們來訪，一同去了趟紐約，旅程中，大部分都是我和另一位女生負責點餐。某晚，我們選了間韓式料理，點餐時我也不完全了解所有品項的菜餚名稱，只好拿出手機滑呀滑地查詢著。服務生前來點餐時，已開始有些許不耐，當下我想到的是一定要非常「鎮定」。

因為在和外國人相處和交談的經驗裡，不知多少次，自己心裡突如其來的莫名慌張，會瞬間全反映在肢體和臉部表情上，甚至連看著單字的英文發音都非常怪異。這些狀況最常發生在買咖啡、點餐或購物排隊時，無論任何時候，一想起剛到美國的情景，此刻都還能感受到那股慌張。若當下無法完整回應，接著再望向身後那大排長龍的人們，就會立刻出現「隨意亂點就好」的想法，結果一次好好練習的機會就這樣溜走了。

經過了這些洗禮，在與陌生人的交談上，我變得活潑許多。

從前的我，幾乎不主動攀談，一來擔心對方覺得自己意圖不軌，二來實也無話多談。但現在的我並不這麼想。雖然不確定身處的城市是否會影響自己對於人與人之間的相處、交談有著不同程度的態度差異，但我確實開始自然大方地和當下一起駐足某處的人們聊天，無論什麼，都會設法讓氣氛是開心愉快的。這對我而言是非常棒的經驗成長，也讓自己更顯圓融大方。

我曾想過，若哪日有了家庭、孩子，最想停留的地方會是在台灣還是舊金山？答案始終沒變過。雖然如今，已不確定是否能繼續完成夢想中的那畫面——早晨牽著孩子前往學校，在校門口和來自不同國家的媽媽們聊天，下課時，孩子可能到同學家作客、又或相反；我好想看看，在這個不是自己家鄉的成長教育中，在孩子們的小型社會裡，他們會怎麼互相學習相處？週末依舊讓孩子去中文學校，要讓孩子知道，雖然外在環境是父母能夠盡力提供給他們的後天選擇，但有些事，是不能忘本的。

倘若不久的未來有了孩子，我想帶他去的第一個城市也許不是我最愛的紐約，而是我真正生活的城市——舊金山。

我會帶著他走遍我曾走過的每條道路，去我去過的餐廳，告訴他這是我想讓你見到的第一幅風景。我希望你能像這城市一樣，有著比其他城市擁有最大的包容力，有著令人眷戀的孤冷卻無法停止想念的冷候陽光，還有著會讓人想駐足、停留、探索的舒服笑容。這是我所能從這城市裡給你的一小段人生，然後放進你未來的人生旅程中，盡情微笑往前。

孜然芹蘋香鮭魚

Meal

這兩週的無限忙碌的輪迴裡，除了要維持慢跑和快走，還有一堆代辦事項。倒是上週突破了慢跑人生的十五公里大關，令人有些開心。而昨日則是臨時想以不計速地跑，原本想小小跑個五到八公里，沒想到因為不計速的無壓力感，竟以非常輕鬆且完全不停不喘地跑完了十公里，這意外的成果讓自己吃了好大一驚。

昨早寫下許多放懶待完成的事項，腦子有些焦憂煩雜，但也開始期待回台的快樂假期；有好多老朋友、好朋友、新朋友要相見歡，有好多新景點、咖啡廳、餐廳、書籍等著我去探訪閱讀。永遠都記得，曾在設計做不下去時，和好友半夜驅車至台北，在誠品看書看至鳥鳴才回學校上課日子，那是段最自由自在也好值得珍藏的時光，任誰也竊取不走。

食材

Ingredients

2 大塊新鮮鮭魚
8 ～ 10 瓣大蒜
1/2 把市售香菜葉
1 整把市售巴西利葉
2 根西洋芹
1/2 杯檸檬汁
4 大匙印度辣粉
5 大匙孜然粉
3 大湯匙橄欖油
半顆蘋果
半顆柳丁
少許奶油
少許松子
少許葡萄乾

＊以上食材、調味用量皆可依個人喜好調整

a
b
c
d
e

步驟

Method

前一日下午用大蒜、香菜、巴西利、芹菜、蘋果、檸檬汁、印度辣粉、孜然粉、橄欖油，混合所有香料，用料理機製作了超大一碗辛香味全具備的嗆辣醃醬汁（a）。打完醬汁後就先將其分成兩份，一份用來醃漬剛買來的兩大塊新鮮鮭魚，另一份則是先冷藏起來，等待製作完成後，作為搭配的醬汁使用（b）。

鮮橙色的新鮮鮭魚，已先用醬汁醃了整整12小時（6至12小時皆可）（c）。當日晚餐，先取其中一份鮭魚用烤的方式製作（d）；另一份則拿來用奶油香煎，淋上冰冰涼涼的醬汁，辛、香、嗆、辣，四種味覺幾乎能同時在味蕾完整呈現，口感非常爽快（e）。以這兩種做法來說，我個人比較喜歡用奶油香煎的方式，因為小火慢煎的做法，能讓鮭魚表皮口感吃起來較酥脆，上菜後所使用的醬汁則是和醃料所用是相同的，非常方便。這樣嗆辣感的口味，我都會在裝盤時，額外搭配一份沙拉，上頭依舊撒些松子、葡萄乾或其他喜歡的堅果仁，便能佐為附餐一起食用。因太過喜愛這辛嗆醬汁，沙拉就不再添加紅酒醋做搭配。

對了，如果喜歡嗆辣感重一點朋友，強烈建議上菜後的醬汁直接從冰箱拿出來就可直接使用（不要懷疑，就是直接食用冰的醬汁，因為加熱過後的辛嗆味會少很多）。爾後的日子，我便時常自製這款醬汁直接搭配許多生菜或魚肉類一起食用，非常簡單、方便，還能同時兼顧營養健康的概念，一舉數得。

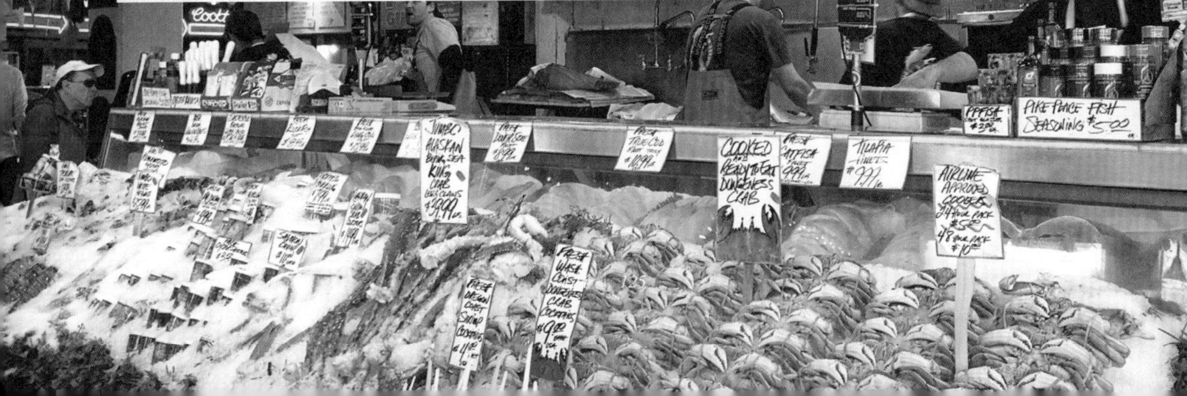

一杯酒的時間

Step Nine

某個炙熱的夏天午後，幾個朋友早早結束工作，在社群網站上有一搭沒一搭地約著。今日是某對夫妻友人的結婚週年紀念，但孩子們仍需要早睡，因此，大伙便把原訂的晚餐改為下午茶聚會，地點在友人住所的洋房後院草坪。幾張長桌，樹與樹之間有著彩色旗幟綿延吊掛著，樹枝葉上有著耶誕燈飾，草地周圍則佈滿編籐球串燈，當然還有孩子們喜愛的各色氣球，陽光下的此景，好不浪漫。

木製餐桌上鋪上幾款不同花色的長型桌巾，開胃小點、披薩、沙拉、烤雞、麵包和餐後甜點，每張長桌上各有三桶白銀冰桶，一為紅酒，一為白酒，另一則為當日主人最愛的粉紅香檳。餐桌上的一切擺設，皆以視覺為基準，作為食物彼間的親密感，那是主人用心為我們準備的一切。

對於滴酒不沾的我而言，喝酒是一項新的事物及學習。在美國，「飲酒」是非常自然地展現並融入於生活中，個人緩慢學習接受飲酒是在拜訪 Napa 酒莊開始。那年因為想選擇離家比較近的小旅行，決定了鄰近北方的 Napa 作為兩天一夜的品酒之旅。

當時自己並不是懂得品酒的人，現在亦否。參觀了一座又一座酒莊，聽著解說人員的講解，光是用來製作的葡萄就依品種不同或是收成季節差異而有不同口感與色澤，加上釀酒時間長短、橡木桶材質、葡萄產地以及每款酒類與食材搭配的口感差異，發現自己在品酒這領域，不只是井底之蛙，根本白紙一張。

在美國人的生活休閒裡，酒水是非常普遍的飲品，亦是在用餐之中，絕對不可或缺的「飲料」。而我最喜歡是，餐後與甜點搭配的甜紅酒，其小小一瓶的包裝，口味討喜並且兼具美感，深得我心。

在週末或是特殊賽事的日子裡，運動酒吧的存在極為重要，Applebee、Friday's、Chili's等等餐廳，吧檯上方數十台大型銀幕分別播放著不同球類賽事，對美國人來說，是非常重要的生活型態之一。最著名的是這兒的 Buffalo Wild Wings 運動餐廳，不單有我最愛的雞翅和蔬菜棒沙拉等，最重要的是，我在這兒學會了如何看懂美式足球的規則，學會一口啤酒一口雞翅，然後和同隊或敵對不認識的人一起歡呼喝采。每逢美式足球超級盃的當晚，若我不在 Buffalo Wild Wings 就一定是窩在家裡烤雞翅、喝冰啤酒，然後等著中場休息時間裡，觀賞全年度最新、耗資最多的品牌新廣告。

在一杯酒的時間裡，可以看見一個國家的庶民文化，或是一個人對自我態度的堅持。

在餐桌上，酒水可以成為非常好的點綴之物，甚至適當地調味入菜，都能讓料理的本質與口味，產生特殊的化學效應。如同選擇所有的食材或佐料一般，懂得如何飲酒，等於懂得調適日常生活的壓力與緊繃，那是一種情緒的觸媒，當你需要的時候，他總是會在。

而我，僅選擇在家人身邊時，才會小酌一番。對我而言，那是和自己最熟悉、最親愛的人一起分享著的喜悅與放鬆。如同那日下午友人的結婚週年慶，那個午後，我喝了兩杯冰冰涼涼的粉紅色香檳，以及一杯甜白酒，搭著香煎鵝肝和藍黴乳酪（Blue Mold Cheese），緩緩入喉，那是一種無法用言語形容的幸福與滿足。

秋冬暖心香料酒

Meal

印象中，從小爸爸就一直告訴我，喝酒是不好的，特別是女孩子，所以在外面不要喝酒。也許這樣的說法和觀念會被現在許多人感到嗤之以鼻，甚可能認為，女孩子就是該懂得喝酒才能保護自己，又或者說，其實懂得品酒是個值得學習的品味。無論如何，此生至此，酒對我而言實在說不上個所以然，大概只有梅酒還能讓我聊上幾句。

說喝酒不好到也不是這麼一回事，我也喜愛在夏天時喝上一口冰爽的生啤酒，也愛在夜深人靜，獨自上網或看電影時，斟上一杯酒精濃度近二十度的梅酒，一定要加些冰塊，否則，大約十分鐘後便不省人事。

JACOB'S CREEK
GET
REAL!
Illusions of
The business world is
do nothing but waste
reads, diagrams no one looks
semble the finished product.
to make but only seconds to
If you need to explain
with it. Instead of describing what
draw it. Instead of explaining
like, hum it. Do everything you can
abstraction.
The problem with abstractions
documents) is that they create illusions
hundred people can read the same
heads, they're imagining a hundred
That's why you want to get to
away. That's when you get true
when we read about characters in a book—we
ture them differently in our heads. But when we
see people, we all know exactly what they look
When the team at Alaska Airlines wanted to
a new Airport of the Future, they didn't rely on
prints and sketches. They got a warehouse and
mock-ups using cardboard boxes for
and belts. The team then
128 | 129

食材

Ingredients

1 瓶紅酒
1 顆柳橙
1 顆檸檬
1 顆萊姆
2 根肉桂棒
5 顆八角
4 片月桂葉
1 小把丁香
3 顆肉豆蔻

＊以上食材、調味用量皆可依個人喜好調整

SINCE 1847
JACOB'S CREEK
CLASSIC
SHIRAZ CABERNET
VINTAGE 2012
SOUTH EASTERN AUSTRALIA
WINEMAKERS SINCE 1847
CHILE

a
b
c
CREEK.

步驟

Method

在北美從感恩節到聖誕新年期間，許多人家中會自製兩款節慶調酒，一種是冷熱皆宜的聖誕蛋酒 Eggnog（又稱作 Eggflip）；另一種則為熱飲的「聖誕香料酒」（Mulled Wine，Mulled 指的是「熱的」和「香料」意思）。

隱約記得，某次在聖誕假期前的課堂中，老師曾提及，聖誕香料酒在北美和歐洲都非常受歡迎，其亦稱作 Spiced Wine。聖誕香料酒一般都以紅葡萄酒做為基底酒（也有用白酒的），通常都是柳橙、檸檬柑橘類的水果一起煮，另外加上華人的一些中藥材，例如八角、丁香、肉桂棒等等。起初，總覺得這樣的組合不會奇怪嗎？怎麼很多人說這樣煮起來的香料酒，喝起來像是熱熱的雞尾調酒，或許本身對於紅酒就很少接觸，因此還沒喝下肚時，依舊感覺有種醒酒沒醒好的乾澀感滑入舌尖，有點突兀。

某個寒冷且難得下雨的週間午後，把家中非常普通的一瓶紅酒給打了開來，試喝了一小口：「好澀。」看了看香料酒需要的材料，家中幾乎都備有了，二話不說立刻開始將水果切片，在柳橙片中插入丁香（a），讓其呈現一種可愛的模樣。最後，只要將所有香料及切好的水果片，一起放入鍋中，倒入整瓶紅酒（b），用小火燉煮約 15 ～ 20 分鐘就完成了（c）。

酪梨起司辣味豚肉葡萄乾三明治
佐黃瓜桂花檸檬蘇打

Meal

忘了有多久沒為自己好好緩慢地做頓早餐，也許是重心轉移，但依舊沒有忘緩慢的步驟，和自己喜歡的味道。原來這就是媽媽常說的——只要遵循著記憶裡的味覺，並懂得每種食材的料理方式，每個人都能做出屬於自己的味道。大概同於身體柔軟度的記憶，總是在不知不覺中，牢記在每一吋線條裡。

食材

Ingredients

〔三明治材料〕

3 片葡萄吐司

1 片起司

4 條辣味豚肉熱狗

1 顆雞蛋

1 小碗新鮮酪梨抹醬

少許沙拉葉

少許黃芥末子醬

〔沙拉材料〕

2 塊冷凍鱈魚

5 大匙紅酒醋

半顆酪梨

幾把 baby 菠菜葉

少許蜂蜜芥末

〔桂花檸檬蘇打材料〕

1 片檸檬片

1 片大黃瓜片

少許乾燥桂花

半瓶雪碧或七喜

＊以上食材、調味用量皆可依個人喜好調整

a
b

步驟

Method

三明治

早餐使用的是葡萄乾吐司（是白吐司之外最喜歡的吐司），微烤 2 ～ 3 分鐘即可（太酥會不好切）。第一片趁熱放上香濃起司片，鋪上對切剛煎好的辛辣豚肉熱狗，起司就在這兩層中緩緩融化。煎熱狗時逼出的辣油，去除一半後，拿來煎蛋恰好酥香，今天選擇全熟蛋。蓋上第二片吐司前，放上辣味煎蛋。接著抹上剛搗好的新鮮酪梨洋蔥抹醬（做法可參考 p.094）（a），鋪上適量沙拉葉，擠上兩圈黃芥末子醬，最後一層吐司附蓋，三明治主食便完成。

沙拉

一般來說，通常主食之外，我喜歡搭配些沙拉做為另外果腹或稍稍解膩的選項。這天，我用了比較偷懶的方式，先將冷凍的鱈魚放進烤箱烤，選了自己最喜歡的 baby 菠菜葉，再將紅酒醋和蜂蜜芥末醬一起拌勻作為醬汁，將半顆酪梨切成方塊小丁，撒上松子，最後將方才調配好的醬汁淋上拌勻，有點酸嗆味的晨間沙拉便可上桌（b）。

桂花檸檬蘇打

因著好幾週的柳橙盛產季，倏忽間，迷上了各式組合的水果花茶新嘗試。前晚心血來潮，先在杯裡各切了片黃瓜和檸檬片，倒入汽水後的氣泡也因為檸檬片變得更跳躍，在滋滋滋的氣泡上灑些熱沖過的桂花，就成了「黃瓜桂花檸檬蘇打」。這組合讓汽水甜味加了層清新清香的沁涼口感，配上週末夜裡幾碟深夜小菜，慢跑、快走和瑜珈，實在一刻都不得閒。

灣岸路線 II

藝文小日子

Dottie's True Blue Café

餐廳座落在人口稍微複雜的 6 街上，除了美味餐食之外，店內更兼具華麗裝潢以及紅磚牆上掛著七、八〇年代女演員黑白肖像照的古典懷舊氛圍。

Add	28 6th St San Francisco, CA 94103

Therapy

復古車牌、家具沙發、燈具飾品，店內陳列的擺設，都如同夢想中對於「家」的畫面。

Add	545 Valencia St San Francisco, CA 94110（b/t 17th St & 16th St in Mission）

Four Barrl Café

門外的腳踏車架，過目難忘。偌大的木製空間，透明窗內永遠可見用餐的人們各自擁著心裡的喜悅。

Add	375 Valencia St San Francisco, CA 94103（at 15th St in Mission）

Amoeba Music

彷彿全世界音樂的集合場域，每一張二手唱片都藏著舊主人的秘密思緒，輾轉交至另一人手中，如同情意的流動。

Add	1855 Haight St San Francisco, CA 94117（b/t Shrader St & Stanyan St in The Haight）

Haight St.

有些頹靡的嬉皮街道，牆上滿是撕破邊角的唱片海報，轉角的街頭藝人，拿著煙草、大麻，像是存在於一個迷幻卻自由的世界。

Add	Haight St San Francisco, CA 94117

Dog Eared Books

湛藍綠的木製窗框中，框出了一間極繽紛可愛的獨立書店，充滿風格的新書、二手書、童書等等，店內每張手寫標示，倍感溫潤。

Add	900 Valencia St, San Francisco, CA 94110

Cha Cha Cha

室內裝潢風格鮮明特異的紐奧良料理，從外牆無法看見桌旁人們大快朵頤的滿足感，唯有推開門才能有更多驚喜！

Add	1801 Haight St, San Francisco, CA 94117

Thursday

一週裡的第二個瑜珈日。

這天的傍晚五點半之前，是將整週細碎雜務完成，或是外出找朋友喝茶聊天的時間。說來有些羞赧，因為平日都是自己在家，任何事在沒有時間壓力下，都顯得緩慢慵懶，似乎還帶點想盡快又刻意想放緩的節奏，一段時間後，便落得事事常出現沒法好好收尾的窘境。

喝口咖啡，翻閱手筆下的行事曆，前三天有哪些待辦事項尚未完成？再往前推一週，好像還有一、兩件事情需要提神醒腦，需再確認是否已完成。最常發生的是，週末想做點什麼料理，週一外出時偏偏就少買了某幾樣食材，又或上週外出時該買幾張卡片寄回台灣給家人或好友，零散瑣事，就愛拖著、拖著，非得拖到了最後期限才肯更衣外出。不時望著那鋪在地毯上的床褥，到底蘊藏著什麼魔咒，會讓人無法離開？是棉質被單舒適得太過真實而讓人著迷？還是窗外涼爽的空氣帶著昏沉沉的氣味，讓人整天沉迷？沒有一個答案是自己肯定的。唯一確定的是，尚未完成的待辦事項必須在下午五點前全部完成。

穿越廊道，開門傾步下樓，夏季太陽光源通常大約在頭頂垂直偏十五度角左右；冬季則是白厚雲層覆蓋，像身上裹著像棉花糖般的羽絨衣，看似迷人卻舉措笨重，有著台北東北季風帶來的潮濕空氣，和柏油路坑積水的熟悉氣味。春秋兩季的形跡和體感溫度則隨遇而安。

下課了，約莫七點時分，夏季的天空像是甫過午後般耀眼；冬季則是路燈星芒微閃。想起明天是歡樂星期五，發動引擎的聲音，都比平日輕快了些。

煙火背後的節日

Step Ten

剛到舊金山時，聽在那兒長大的友人們說過，在美國，感恩節比新年來得更重要，可比擬台灣農曆春節，是個家人、親友們一定要團聚在一起圍爐的重要節日。對於美國所有的節慶，小至生日，大至感恩、萬聖、聖誕等節日，令人印象最深刻的便是「挑禮物」。

對於完全不過節日的我而言，挑禮物是非常傷神耗腦的大事，所以我並不喜歡在美國過節，特別是感恩節，每年我們都得驅車往返洛杉磯和親友們一起吃飯團聚。記得某年感恩節前夕，二舅媽家搬了新家，熱情邀約親友一起到新家過節，一進門和大家擁抱過後，每個人便把自己準備好的禮物放在大大的聖誕樹下或階梯欄杆上掛著的大襪子裡，接著，一組組人馬陸續進入廚房，開始準備當晚以戶為單位所端出的菜餚。記得那晚我們準備比賽的創意料理菜餚是——中式 Chili 沙茶肉醬。

那年一起在舅媽家過感恩節的人數約莫二十餘位。不擅長交際的我，整晚都感到非常疲憊。這可是非常重要的節日，親友難得聚會，不知怎麼我卻一點都開心不起來，甚是有些厭惡這些節日。或許是因為想念家人的關係吧，我想。

游標點開電腦桌面右下角的日期，三年沒在台灣過年了。

小時候奶奶家是兩層樓的鐵路宿舍，每到過年奶奶總會從一進門的廚房開始搬出好幾個大蒸籠，旁邊的米缸和水缸在那幾日也會不停換新，從市場搬回一箱箱不同食材，有的要做蘿蔔糕、有的要蒸客家草仔粿……這幾日裡，廚房裡有著奶奶最溫暖的記憶。記得那時個子矮小，抬頭和她說話，一旁爐灶上總是白煙繚繞、香馥撲鼻，若是遇上冷颼颼的天氣，抓著奶奶衣角跟前跟後，也成了寒假的重要作業之一。

台灣的過年不同於美國，禮物換成了紅包，那大概是孩提時除了看守歲節目外最期待的事。隨著年紀增長，長輩給得紅包厚度也隨之調漲，雖是開心，但軟嫩Q彈熱騰騰的蘿蔔糕記憶，至國一那年暑假後便不再有。奶奶去世後，家裡人口簡單，爺爺、姑姑、叔叔一家和我們，剛好一桌十口人，為了不再讓媽媽和嬸嬸在工作外，還要準備年節菜餚，自此至今，每年除夕圍爐我們便開始在各大飯店中度過。一開始本來還有些擔心可能因此少了過年氣氛，最後變成習慣在今年吃完年夜飯後的一個月內，決定下一年吃年夜飯的地方，且慢慢地開始由我們幾個孩子決定找哪間飯店或餐廳過除夕，很是好玩。至今竟也近二十年了。

過往每年返美的時間大約都落在十月底到聖誕節前夕，看似溫馨的月份，對我而言卻有些壓力。除了不甚喜挑禮物的過程，內心也隱約藏著不想回去過節的焦慮。雖然舊金山依舊讓我牽掛，但過節總不在那兒，是往南些的洛杉磯。倘若問，在舊金山有沒有過年的氣氛，對我而言，無論任何城市，那都是略顯造作的節日。某種日隔未見的擁抱，不確定是否認真挑選的禮物，所有一切，感覺都是非常薄弱且疲憊的。那些年節的記憶，並沒有電影故事裡想像得快樂。

我總會想起跨年前後的模樣，各城鎮或區域的華人和亞洲超市逐漸開始販賣農曆年節所需備妥的食物及裝飾用品，主婦們那陣子最是忙碌，匆忙停好車，一手牽緊孩子、一手推著購物車，穿梭在年貨及日常物品的兜售之間，有些眼花撩亂，不知是否遺漏了什麼。店內廣播音樂不停在大街小巷輪播，一旁廣東燒鴨店，透明壓克力窗外的人龍亦比平日更加熱鬧；可穿梭其中的我，總覺得仍少了些什麼，或許是家人，或許是某種憑空的想像，冀望著有個人能在顛倒的時間和空間裡，捎給我那不同時刻的煙火景象，讓我安心且確切地知道自己仍存在著。存在於我所喜愛的城市中，一起望著天空，一起倒數，不只有交換禮物，更不只有我自己……

咖啡酒楓糖烤麵包布丁

Meal

大概是遺傳或受媽媽的影響，我非常非常喜愛吃五穀雜糧類的麵包。Whole Food 的 ACME Cranberry Walnut 雜糧麵包，我幾乎天天吃都吃不膩，光是一週就能吃下兩大個，加上被 Whole Food 的有機食品養壞了嘴，除了他們販售的麵包外，其他品牌怎麼吃都有種渾身不對勁的感覺，讓自己內心默默覺得怎會成了隻挑食的歪嘴雞。

於是，我開始比較起了各家的白吐司，幸好最後我喜歡的白吐司是在華人或日本超市就很容易取得的 SOGO 白吐司，無論薄片或厚片，我都喜歡拿來烤烤的，特別是做些三明治類的早餐或點心，非常適合。某次怕吐司賣光而貪心地多買了一條，最後演變成一點吃不完又怕壞掉的窘境，只好上網查查，是否有完善方式能快速處理多餘的白吐司，還能兼顧好吃、好看又好玩的條件，結果「烤麵包布丁」一詞以出現最高次獲得高票當選。因此，往後這道料理，就成了家中各式各樣吃不完麵包的後續處理方式。

食材

Ingredients

5 片吐司（切塊）

2 顆雞蛋

1 顆蛋黃

2 大匙咖啡奶酒

1 小匙香草精

1/3 杯細砂糖

1 杯鮮奶

1 把葡萄乾

1 把杏仁片

適量楓糖

少許奶油

少許香料海鹽

＊以上食材、調味用量皆可依個人喜好調整

award winning
madécasse
MADAGASCAR
madagascar pure vanilla extract
NET CONTENTS 4 FL OZ (118 ml)
WHOLE SPICE
NAPA VALLEY
Herbes de Provence Salt

a
b
c

步驟

Method

先將準備好的吐司切成塊狀備用。將 2 顆雞蛋、1 顆蛋黃及細砂糖一起放入一盆中打散均勻（a）。將牛奶小火加熱，但不要煮沸（我比較常用直接微波加熱的方式，比較快速且方便），將煮熱後的牛奶倒入蛋液中，一邊倒入一邊攪拌均勻。將混合完成的牛奶蛋汁，用細濾網過篩，先倒約 1 公分於等會兒要放置吐司的烤皿中，接著將吐司照自己喜歡的排列方式擺放於烤皿中吸收蛋汁；全部擺放完成好，再將剩下的蛋汁全部過篩倒入烤皿中，稍微靜置幾分鐘，讓吐司完全將蛋汁吸收完畢（b）。

烤箱 180 度預熱。將吸收完蛋汁的吐司上撒上準備好的葡萄乾及杏仁片（c），將烤皿放置於一大烤盤上，並於烤盤上倒入約 1 公分沸水，送入烤箱烤約 20 分鐘至蛋汁完全凝固即完成。

之前參考過幾位料理者的食譜，自己還是比較喜歡單純口味且方便快速的方式。例如在加熱牛奶的過程，我不會刻意用爐火加熱，反而習慣直接用微波爐加熱來縮短製作的時間，當然，正規製作方式或許真的會比較好吃（但個人覺得沒有什麼差別）。許多食譜上也都會註明，這道料理用任何麵包都可製作，但我依舊鍾愛白吐司的呈現，而且一定要是烤盤，不能用小烤皿，因為這樣看起來比較氣派（處女座的奇怪堅持……）。總之，當家裡出現這道料理時，絕對是因為白吐司來不及吃完才會出現，畢竟，煮婦總是得要有幾道能清冰箱的家常料理在口袋備用才行。

簡易家常提拉米蘇

Meal

開始學做提拉米蘇時，一度掙扎了許久，網路上的食譜百百款，但我依舊希望可以用最簡單的方式，做成自己平常想吃就能隨手做出的提拉米蘇。第一次試做時，不知怎麼一直無法打發蛋白，導致於後面的 cream 也無法融合，只好硬著頭皮裝進盒子裡，最後放進冷凍庫中冷藏，原以為會結成冰，結果反而成了類似冰淇淋霜的感覺。雖然第一次失敗了，但好吃的味道和印象卻是最深刻的。

食材

Ingredients

5 顆蛋黃

1 杯白細砂糖

100 克動物性鮮奶油（whipping cream）

2 盒 Mascarpone cheese（共 500 克，須先在常溫下軟化）

1 條日式巧克力海綿蛋糕

1 條日式咖啡海綿蛋糕

1 杯 Pett's 濃縮咖啡

適量顆蛋白

適量手指餅乾 Lady Finger

少許咖啡酒

少許可可粉

＊以上食材、調味用量皆可依個人喜好調整

dal 1850
Savoiardi
Ladyfingers
PRODUCT OF ITALY
30 g
113 kcal
Peso
200 g
Net Wt.
7 oz.
GROUND
Peet's Coffee
Café Solano
Lively, Aromatic, Well Rounded
MEDIUM ROAST
Qualità N°1
IL VILLAGGIO
L'ARTE DEL FORMAGGIO ITALIANO
Mascarpone
CHEESE
SMOOTH, SOFT AND SWEET
NET WT. 8.8 oz (250g)
IMPORTED FROM ITALY
1326
VEGAN
ANTI-OXIDIZING
DIVINE ORGANICS
Raw
Premium
Cacao Po

a
b
c
d
e
f

g
h
i
j
k

步驟

Method

先將蛋黃和細砂糖混合打發（a），大約打發至蛋與糖完全溶和，呈乳白色稠狀程度即可（b）。喜歡甜一點的人可在這步驟多放些糖，喜歡苦味重一些或不喜歡太甜的朋友，少放些就好，糖的多寡不會影響後面的步驟，不需要太擔心。

將蛋黃及砂糖混合好後，加入已在常溫下軟化的 Mascarpone cheese（c）。在這步驟時，必須用刮匙將 cheese 從盒中刮起，分多次將其加入蛋黃糊裡一起拌勻（不可使用電動攪拌機），並以上、下、左、右輕輕按壓的方式，緩慢攪拌均勻（d），切記，勿以快速攪拌，會使整鍋餡料呈現無法融合的油水分離狀（打開 Mascarpone cheese 盒子時，盒中可能會有多餘的水分，請瀝乾勿倒入蛋黃糊中）。最後混合好的起司餡料，應該是呈現非常均勻且光滑細緻的淡黃色。這時，可以稍微嚐一下 cream 的口感和甜味是不是自己喜歡的，若是不夠甜，可在後面打發鮮奶油時再做調整，千萬別再已經混合好的餡料裡再加入砂糖調整甜味。

接著是最容易失敗的「鮮奶油」，一定要用動物性鮮奶油才好打發。我試過許多打發的作法，鮮奶油確實要直接從冰箱裡拿出來時就立刻打發最容易成功（退冰後比較難打發）。通常一定要將鮮奶油打發到能直接在打蛋器上輕輕拉出各種漂亮的花紋，且整碗鮮奶油倒扣也不會流下來的程度為止（e）。將打好的鮮奶油加入一開始混合好的 cheese 糊裡（f），以刮匙慢慢攪拌至完全混合均勻（g）。

餡料的最後一項，打發蛋白。在此之前，鍋子一定要先清潔擦拭得非常乾淨，絕不能有任何油漬，否則很容易失敗。不過許多食譜上都省略了這步驟，因為已加入鮮奶油打發的餡料，蛋白的部份就不一定要有，但分別做過幾次後，我還是習慣加入蛋白。不僅是因為剩餘的蛋白實在太多，而是加入蛋白後的 cream 會讓提拉米蘇餡料吃起來更蓬鬆好吃。

如此，提拉米蘇最重要的 Mascarpone cheese 餡料就做好了。

接著將巧克力和咖啡海綿蛋糕均勻切片，咖啡酒與濃縮咖啡混合均勻後備用。手指餅乾依序排放至準備好的保鮮盒裡（若有空隙可切成適當大小擺入），將備好的咖啡酒用湯匙慢慢淋在手指餅乾上使其均勻浸濕（h）（這步驟我同時進行兩盒提拉米蘇的份量），將約一半份量的 cheese 糊分成兩份倒在兩盒餅乾上，並在裝好後將盒子放在桌上，上下左右輕扣幾下，將其內含的多餘空氣壓出 cheese 糊並拍平表面（i）；之後鋪上一層海綿蛋糕，再倒入剩下的 cheese 糊，抹平，反覆動作直至餡料使用完畢（j）。蓋上盒蓋，送入冰箱冷藏至少一天以上，一定要等到 cheese cream 完全凝固才可食用。

從冰箱取出後，先在表面灑上可可粉，或是切好盛盤後再撒上可可粉就完成了（k）。只要多練習幾次，往後便能從容地打發鮮奶油和蛋白，隔天就能在家就能吃到簡單美味的提拉米蘇下午茶囉！

若喜歡吃 cream 較硬一些的朋友，鮮奶油和蛋白的用量可以少一點；喜歡較軟糊口感的人，則可將鮮奶油、蛋白加多。至於咖啡是要用濃縮的、三合一或是一般的，其實都沒有一定；因為提拉米蘇冰過之後甜度會降低，所以 cream 我都會做得稍微甜一點，如此一來，浸濕在手指餅乾的咖啡就直接煮黑咖啡就可以了。

異國中的異國

Step Eleven

三年前的今日，從未想過有天能為自己料理些什麼。當初剛開始走進日本小商店或在 Anthropologie 買的那些，當時自以為好用的鍋碗瓢盆，如今都不敵自己最鍾愛的餐具品牌──Heath Ceramics。有了許多餐盤後，開始思考著，該怎麼將更多不同的料理，呈現在這些花了大把銀子蒐藏的餐盤上。

此後，長達約一年時間，買了許多食譜，提供家人所謂的「點餐」服務，只要是想吃的各式料理，我都能上網自學或改良成自家口味的不同版本。這樣有趣的自我摸索過程，對於爾後面對各種新菜色或料理的嘗試，變得更大膽且更想嘗試更多不同的食材、調味組合。

記得第一次找尋的網路食譜料理是「韓式部隊鍋」。那時覺得那似乎是在家料理的泡菜鍋，除了簡單的火鍋料之外，最重要的就是「韓式辣醬」以及在泡麵煮熟後，一定要加上的香濃起司片。那時的自己對於料理知識實在貧乏，看著網路上討論最後一定要放上起司片這件事，存著極大懷疑──這樣湯能喝嗎？麵是否會和起司糊成一團？或是味道能夠 Match 嗎？在泡麵煮滾後，依照網路上大家所說的做，放上深黃橙色的濃起司片，看著起司片順著泡麵捲曲紋路軟化融入湯汁中，有種驚喜又奇妙的期待感。最後，打上一顆新鮮雞蛋，續煮十幾秒便可熄火上桌。用筷子稍作攪拌，橘紅湯汁漸漸混濁為澄黃色調，此時，先喝上一口濃郁湯頭，是一定要的。

從自學烹飪開始，不難發現在美國的食譜裡，總是充斥著我最不擅長的料理──甜點。開始想學著美國人習慣在餐後吃些甜點或蛋糕，是在一次朋友聚會時所留下的印象。同桌的美國友人說：「每餐飯後我都要吃份小甜點，那是我老奶奶留下的傳統，每餐的甜點都是她親手製作，也許不那麼精緻，卻能讓我們帶著她在餐桌上留給我們的回憶，繼續往未知的人生，勇敢微笑。」

或許這樣的話語，在從未與當地人接觸時，我會感到有些扭捏，直認為，這樣的話和想法，不都該是留在心裡或卡片中才能較勇敢說出的感受。那時，自己腦海裡唯一想到的是媽媽最愛的「香蕉核桃蛋糕」，別無其他，因為那是我最喜歡的甜點之一。為此，那幾日便搜尋了各式香蕉蛋糕的做法，爾後，這成了我返台時一定要做給老媽吃的小點心。這或許是在異國的我，最希望能為無法見面的家人所做的其中一件事了。

而我最喜愛的異國料理，是台灣已風行多年的「早午餐」系列。對於這名詞，許多人或許會感覺，那是在落地窗旁、閒暇時分的週末，才能擁有的享受，而我直接讓這名詞，成了每天陪伴我的好朋友。無論是美式班乃迪克蛋（水波蛋及荷蘭醬）、西班牙海鮮湯麵包、英式塔塔醬炸魚、墨西哥蔬菜捲餅，或是自己最喜歡且簡單方便的美式鬆餅佐鮮奶油炒蛋、法式楓糖吐司及義式蔬菜烘蛋，外加黑咖啡及一大盤煙燻鮭魚，全是我輪流端上桌的早午餐。

那樣的過程確實非常享受，一個人放著慵懶的音樂，在廚房準備著早午餐，落地窗外的光線，在僅僅十坪左右的小空間，依舊美好得讓人難以忘懷。

也許，很多人喜愛品嚐美食，走遍世界各地，就是為了嚐遍各國不同的味道，讓每個城市有著不同的記憶味蕾。但，無論走遍多麼美的地景，或是看過多少雄偉的建築，每個人的味蕾永遠都需要家鄉的味道。若舌尖是走遍世界各地那些可能富麗堂皇或簡單質樸的廚房，鼻道是串起各窯灶上繚繞的白煙，直通大腦嗅覺區域，那麼，靠近心臟的胃裡，就是存放著一生最溫暖的味覺記憶。

臘味紹興上海菜飯

Meal

慢跑前本來想做份義大利麵裹腹，但不知怎麼突然很想吃白飯，想了想，又不想吃些平時的日常簡易炒飯，也不想吃太重口味的料理，腦袋一轉，立馬想到好久沒做的上海菜飯。記得之前做的版本都是用一般香腸做的，雖然一直很想嘗試金華火腿的版本，只是礙於這兒買不到，所以這回就先用港式燒臘的臘腸來試試看吧。

食材 / 約 3 ~ 4 人份

Ingredients

4 ~ 5 條港式臘腸

6 ~ 8 瓣蒜頭

4 ~ 6 片薑片

3 ~ 4 株青江菜（菜葉和莖部要分開）

3 杯洗淨白米（請浸泡開水約 15 ~ 20 分鐘即可）

1 碗高湯（或適量）

半碗紹興酒

適量黑胡椒

適量辣油

＊以上食材、調味用量皆可依個人喜好調整

a
b
c
d

步驟

Method

取一平底鍋，倒些辣油熱鍋，將臘腸切丁放至鍋中炒香，逼出些油脂和辣油融合在一起（a）。加入青江菜的莖部、蒜片、薑片一起炒至稍稍出水（b）。將泡過水的米粒全部加入鍋中，炒至全部米粒被臘腸的油脂包覆；之後加入高湯再拌勻，蓋鍋轉小火悶煮（c）。確認悶煮得差不多後開鍋，將青江菜的葉片一起拌入，再蓋鍋悶個 5 ～ 10 分鐘就完成囉（d）。

在炒薑、蒜片及青江菜的步驟時，若是比較喜歡蒜味的朋友，可以學我將蒜壓成蒜泥炒開；如果不愛蒜味的，可直接整瓣稍微拍一下整顆放進去炒就好，炒完之後比較好挑出來。薑片做法亦同，不喜歡的話少放些即可。

由於這次我是用 LC 鍋直接把整鍋菜飯悶熟，且先前米粒已泡過水，所以蓋鍋悶煮的時間基本上約 15 ～ 20 分鐘就非常足夠，而且也會有些鍋巴出現了。

菜飯的做法版本很多，自己做過幾次後，我依舊喜歡將菜葉和莖部分開，原因無他，就是自己還是喜歡悶出來的白飯色澤，畢竟自己是龜毛座，不想懶惰一起煮，使整鍋飯最後會呈現黃綠黃綠的模樣。但，要是煮婦太太或媽媽們趕時間就不用這麼麻煩，一起放進去拌炒悶煮就好囉。總之，一切都依照自己的喜好和方便性而定，就能悶出屬於自己家最美味的菜飯。

因為是用港式臘腸來做菜飯，油膩感沒這麼重，且完全用 LC 鍋把泡過水的白米直接小火悶熟至有些鍋巴。另外加了自己超喜愛的紹興酒做提味，也許不像飯館那正宗的味道，但絕對是我自己最喜歡的版本。有興趣的朋友也可以加米酒試試，我個人也挺愛米酒版本就是了。

上海菜飯的做法真得非常簡單，備料更容易，希望大家都能輕鬆做出各式各種變換的自家家常菜飯。對了，由於自己非常愛吃辣，加上對於山田胡麻辣油的鍾愛，所以這次用了不少辣油做基底，將好吃的白米一顆顆包覆炒香，油亮油亮的米粒，吃起來的臘（辣）味真的超讚的哪！

韓式部隊鍋

Meal

上週末晚大肆整理家裡，東搬西移地挪動位置，也把一些日常用的家具給換新，沒想到才幾樣小東西，就給家裡帶來煥然一新的感覺。隔天起床後看到自己幫家裡挑選的綠油油新地墊，心情爽朗無雲。吃早餐前還是習慣先打杯 500cc 的蔬果汁喝，接著便開始在廚房東洗西切緩慢地做起今天的早午餐。

才在做早餐，打開冰箱看見韓式辣醬，便想起前幾日去上課時，幾個韓國媽媽七嘴八舌地聊起，這幾日因氣候突然驟降，所以家裡連煮了幾日部隊鍋給孩子們暖身，還有個孩子碰巧生日，當天同時吃了海帶湯和部隊鍋，半夜就鬧肚子疼了。吃完早餐後，開始寫下些當天想吃的部隊鍋食材，起身驅車前往韓國超市，採買食材返家。

看著窗外，今天的 San Jose 就像春天一樣暖和，穿著小短褲和長 T 恤就能出門，游泳池、Jacuzzi、遊戲沙坑恢復了幾個月前的熱鬧，走在社區裡的羊腸小徑，松鼠都多了好幾隻。這樣的陽光，這樣的空氣，希望春天能快點到來，綠蔭沙沙作響總是那般讓人著迷。想著，如果想找個人一起吃鍋，誰會是最好的伴，這問題讓我思考了許久，答案卻在距離此地七、八千公里外那熟悉的城市。

食材

Ingredients

1 包市售韓式泡菜（含泡菜汁）

1 顆洋蔥（切絲）

1 顆雞蛋

5 大湯匙韓式辣椒醬

1 包科學麵（或辛拉麵）

1 市售盒香草豬肉片

1/4 顆高麗菜

2 條培根

市售 1 包鴻禧菇

市售 1 包金針菇

適量各式火鍋料

適量年糕

適量蔥花

適量雞高湯

少許火腿塊

少許奶油

＊以上食材、調味用量皆可依個人喜好調整

PEPPERCORN
MEDLEY
GRINDER

a
b
c
d
e

步驟

Method

先將蒜末和洋蔥絲用奶油爆香（a），放入泡菜及韓式辣醬一起炒香（b），將雞高湯及所有調味一起將湯底煮滾（c）。湯底煮滾後，開始放入年糕、鴻禧菇、高麗菜、火鍋料等，蓋鍋等待煮滾（d）。煮滾後才放入泡麵及香草豬，煮約半熟就可放入起司片轉小火續煮，泡麵和肉片才不會太爛或太柴（e）。若還是擔心泡麵會煮太軟爛的朋友，可以直接使用辛拉麵的麵條，因為之前試過，它比一般泡麵耐煮許多，亦不易爛。上桌後加上蔥花就完成了。

一起拎著愛的旅程

Step Twelve

人生總有意外，如同當初隻身前往美國前，終於決定寫封信給我最親愛的妹妹——而她應該從不知道，其實我有多在意她。

在美國的時間，我總是時不時會一個人在家聽著溫嵐的〈同手同腳〉，那是她對弟弟說的話，也是我想對妹妹所說的話。一直以來，不時聽媽媽說著，妹妹好像總覺得老爸比較疼我，但其實她並不真正明白。或許在心裡隱隱種下這樣的以為，所以決定在搭上飛機前，要告訴她一直以來想和她說的話。

爸爸總說我們家的人，基因裡的獨立因子都很強，因此，爸媽對於兒女就該陪伴在父母身邊的傳統觀念並不以為然，他們甚至希望，倘若我們能有機會離開台灣追求更好的生活或工作就勇敢去吧，因為我們都是獨立個體，不是他們的附屬品。

從大學後，我一直都是獨自外宿，直到飛往美國前的十一個月，才搬回家中陪伴家人，但，我依舊很快又飛離了。對我而言，在美國的時間，對於家人沒有參與到的人生階段，其實並沒有遺憾，若說有，那也應該是我真心期盼他們能來這看看我。

也許因地利之便，或姐妹連心之感，妹妹將該年的自助旅行安排在美國。出發的前半年，她詢問我要不要和她一起到紐約自助旅行一週，之後她再飛往美西與我會合。她的邀約讓我非常心動，一來紐約是我對城市的概念之始，也是最想去的城市；二來適逢台灣年假，倘若能和妹妹一起在國外度過，實在是一趟太令人心動的旅行。

距離出發僅剩不到兩週。看著妹妹幫同行友人處理好所有的機票食宿和整整十四天所有行程細項，她的獨立永遠是我所欽佩的，這也是我對她莫名崇拜的原因之一。

紐約的那一週，可說是十多年來，我們最常朝夕相處的日子。學生時期，她在淡水、我在新竹，爸媽總是隔週一南一北驅車來看我們，而我似乎也在離家念書後才發現，其實我挺愛一起吵鬧長大的她。

因學校地理位置讓大一便開始駕車的我，當時好多次捨不得她扛著大包小包回家，提早從新竹開車到淡水接了她之後，再一起回桃園。記得，約莫在大三時，媽媽有天偷偷告訴我：「妞也說妳真的很疼她」。聽在心裡的感動在瞬間早已從脹紅的鼻尖酸至淚腺，轉身眼淚早已揮去（妹妹小名妞妞，但她至今仍舊直呼我全名，除了對外稱我老姐，私下從不用敬語，大概是我小時候對她太兇、太壞了）。

那段旅程裡，忘了我們有多久沒有睡在同一個房間裡，更何況七天都睡在同張床上。因為是家人，是姐妹，其實還是有許多直接爆發的情緒和脾氣，托妹妹友人的福，這幾天我們各自把想打爆對方的情緒給壓了下來，當然，我相信絕大部分還是因為，彼此知道這是多麼難得的旅行。整趟旅行途中，第一次真正看到她和朋友們的相處，第一次知道她對單眼相機的著迷和反覆練習的成果，第一次真正感受到她對於旅行的執著和嚮往……這也是我在她身上找到的對於旅行的另一層意義。

這回一起旅行後，才突然發現，我們雖然生日僅差兩年又三天，但個性完全迥異，旅行的方式更是完全大相逕庭。

妹妹的旅行方式就和飲食習慣相同。她是個擺明了的觀光客，該去的景點一定要抵達，就連能讓我逛上整整兩天的紐約大都會博物館（Metropolitan Museum of Art），也在兩小時內解決，因為只要拍到電影《博物館驚魂夜》（Night at the Museum）裡有出現的 Gum Gum 人即可。偏偏我是個對博物館和古文物非常著迷的人，又或者說，我的自助旅行中，並非每個行程都要走完，但我得要好好看清楚沿途的模樣，即使不清楚了解所謂時代的文化產物，也必須留下自己每一踏步的足跡記憶。

記得某晚她們匆匆晃過大都會博物館，接著得趕去看 NBA 球賽，而我當下則暗自在內心決定，隔年我要再自己造訪紐約，除了要再去趟大都會博物館外，中央公園的綠地更是主因。

結束了紐約行，她們一行人轉往洛杉磯，而我先返回舊金山等待與她們的會合。記得剛瞧見妹妹安排的美西行程表時，立刻詢問，為何洛杉磯安排了五天而舊金山只有三天，她表示，因為她們要去迪士尼……不禁讓我想起，那隻肚子大大和她借來做為床伴的空中維尼熊。

妹妹停留在舊金山的時間並不多，但我想給她的回憶卻好多好多。每天早上巴不得能在六點起床，帶她們去好吃的早餐店，感受當地真正的生活。但時間仍是有限，最讓我懷念的是，自己開著車，妹妹坐在副駕駛座，一路駛過高速公路，經過收費站，穿越了金門大橋，開著窗子，飄進車內的雲霧空氣，這是我曾經開車經過金門大橋時，掉著眼淚所期盼的。

過去這兩年多，每每獨自驅車前往 Sausalito 的路上，內心總想著，有天我要自己開著車，載著爸媽和妹妹一起經過這座橋，一起在車上聊天、一起說說笑笑、一起去吃好吃的蟹肉漢堡、一起去喝藍瓶子咖啡、一起在這城市裡呼吸著。這次，是我開車帶著妹妹一起。

看著妹妹從這兒寄回台灣給爸媽的明信片內容，像是代替了他們來探望我的生活環境，看看姐姐在這兒過得好不好，這兒的環境是不是像他們所想的那樣，一切的一切，在我眼裡、心裡，轉換成了流不盡的淚水。

謝謝妳選擇了到這兒旅行，謝謝妳來這兒看看我，謝謝妳讓我們姊妹在三十歲之後能有一次這樣美好的旅行，我們也計畫下一年，帶著爸媽來美西一起駕車，一起呼吸。

親愛的妳，要記得那首歌裡最後唱著：『現在我唱的這首歌曲／給我最親愛的弟弟（妹妹）／在我未來生命之旅／要和妳同手同腳地走下去』謝謝妳這輩子來當我最親愛的妹妹。

妹妹問：「這樣妳會不會沒有出國的感覺？」

我說：「和你們在一起的任何地方，對我來說，永遠都有著不同的意義。」

鮮蝦干貝秋葵野菜椒麻咖哩

Meal

一直以來都覺得大家對於處女座有很深的誤會，例如潔癖、愛乾淨、龜毛之類的。確實，我們似乎有些許潔癖，但其實每個處女座的潔癖是座落在自己不同的要求和細節個性中，像是我的潔癖就在個性中的誠信和感情態度。至於生活中的小細節或是房間地上有幾根毛這類的問題，則像是發空白文一樣，完全眼不見為淨。那天和朋友們的討論當中，還提及了處女座其實是「變動星座」。什麼意思？意思就是，我們對於很多新奇好玩的東西都非常願意大膽嘗試，對於人生的目標不能一直停留在某個侷限的範圍，工作不能一成不變，生活更是，大概是這樣的特性，所以對於我三不五時做些奇怪的料理，家人朋友好像也慢慢習以為常了。

這回想要繼續嘗試的奇怪料理，就是做百遍也不厭倦的「咖哩」。這次這鍋野菜時蔬咖哩，短短一個月之內已在餐桌上出現三次（超多）。這回是改良第三次到最滿意的程度，所以跟大家好好介紹一下，最近最喜歡的椒麻咖哩是什麼好吃模樣吧！

食材

Ingredients

3 大塊雞胸肉
20 隻大隻鮮蝦
2 根紅蘿蔔
2 顆馬鈴薯
1 顆洋蔥
6 瓣蒜頭
1 把薑末
1 盒玉米筍（小玉蜀黍）
約 20 根秋葵
約 10-12 顆虱目魚丸
手掌 1 把干貝
市售包裝 1 包金針菇

〔咖哩調味材料〕
5 小塊大辣咖哩塊
5 大匙咖哩粉
1 大把花椒粒
1 又 1/2 杯鮮奶
2 杯高湯
5 片月桂葉
適量黑胡椒
少許醬油

＊以上食材、調味用量皆可依個人喜好調整

a
b
c
d
e

步驟

Method

先將蒜切片、洋蔥切丁、老薑切末，放入炒鍋中和花椒粒一起爆香至洋蔥變透明，而花椒亦需在同時被緩慢炒出花椒香氣（a）（b）。接著把雞肉、虱目魚丸和蝦仁切小塊備用；干貝用水泡開後，一起放入炒鍋中一起拌炒至約七、八分熟（雞肉盡量小塊一點比較方便入味和咀嚼）。

一邊拌炒，一邊將咖哩粉加入鍋中一起炒香，盡量讓咖哩粉均勻覆蓋在各個食材外層（c）。剩下的蔬菜，則將其切適中大小放入炒鍋中繼續拌炒；拌炒至稍微均勻，加入高湯翻炒（d），確認翻炒均勻，即加入月桂葉蓋鍋悶約 10 ～ 15 分鐘（e）（此步驟需視家中使用的鍋子類型調整悶煮的時間）。最後加入咖哩中不可缺少的「牛奶」。可分兩次倒入，再加點黑胡椒鹽拌勻，即完成。若試味道不夠的話，可以加點醬油或海鹽調味即可。

自己非常非常喜歡花椒炒香的椒麻感，卻從沒想過花椒和咖哩能夠搭配得如此融合；加入了自己喜歡的秋葵和玉米筍，以及雞肉切丁後一小塊、一小塊的稚嫩口感，每一口都讓人想再多添一碗飯（好可怕）。真心地希望，這道特別的咖哩，能讓每一個和我一樣喜歡隨心所欲做創意料理的朋友們都能喜歡，也能帶給大家不一樣的新創意、新想法。

美乃滋烤鮭魚

Meal

這道料理是友人姊姊的老公提供的食譜，第一次嘗試時感覺有點太過簡單，同時，自己當下對於美乃滋與鮭魚的搭配，實在有點令人難以想像。除了一般市面上極少用這樣的方式做搭配外，也很難想像鮭魚搭上美乃滋，甚至還用烤的方式料理，那會是什麼口感。但，自己一試就將這道菜成了家常的主要料理之一，因為這道菜的做法實在太簡單，也完全不耗時，最重要的重點是「非常好吃」。

在烘烤的過程中，每次只要打開烤箱看一下鮭魚的狀態，美乃滋在烤箱裡烘烤的滋滋聲，以及散出撲鼻的甜香味，使人還未嚐到完成品，大腦負責分泌唾液的區域，就已開始讓腦中佈滿垂延三尺的畫面，讓人迫不及待地想趕緊吃到它。

食材

Ingredients

3 大片鮭魚
1 條市售美乃滋
約半杯米酒
適量醬油
少許奶油
少許羅勒

＊以上食材、調味用量皆可依個人喜好調整

a
b
c

步驟

Method

材料備妥，將鮭魚放進一容器中，倒些許醬油進行醃漬，時間約 2 ～ 3 小時（a）。前兩小時僅用醬油做醃漬，最後一小時加入米酒一起醃（b）。後段加入米酒，主要是用米酒去除一些魚肉可能帶有的腥味，並稍微讓魚肉吸收一些米酒，使其不會因為醬油鹽分的鹽漬動作，而失去了其肉質的軟嫩，所以加入米酒是很重要的步驟。

在醃漬完成後，先將烤箱預熱 230 度，取出烤盤鋪上鋁箔紙，並刷上一層薄薄的奶油，放上鮭魚片。將鮭魚片放上烤盤後，便可開始將其外層裹滿美乃滋，每個正面或側面，只要有魚肉露出的部分，都要用美乃滋厚厚地包起來（c）。接著就能送進烤箱，烤約 30 分鐘即完成（烘烤時間依舊需要依照各家烤箱及魚片厚度大小做調整）。

這道食譜其實是自己私藏了好久的簡易家常料理。每次有機會做這道料理給朋友們吃時，大家都嘖嘖稱奇：「真的超好吃的耶！怎麼可能這麼簡單！」所以這次選擇幾道家常的簡易料理中，只好私心地把這道菜一起分享給大家，希望大家都能嘗試著做這道非常、非常簡單卻又深受大人和小朋友喜愛的菜餚（小朋友都非常喜歡這道有點香甜的鮭魚料理噢！）。對了，若是怕胖或是不想讓小朋友吃太多美乃滋的朋友，可以在吃的時候將美乃滋除去些，味道一樣鮮美；且這道料理對於新手料理者來說，絕對是能讓自己瞬間信心衝上滿點的厲害小家常。一起試試吧！

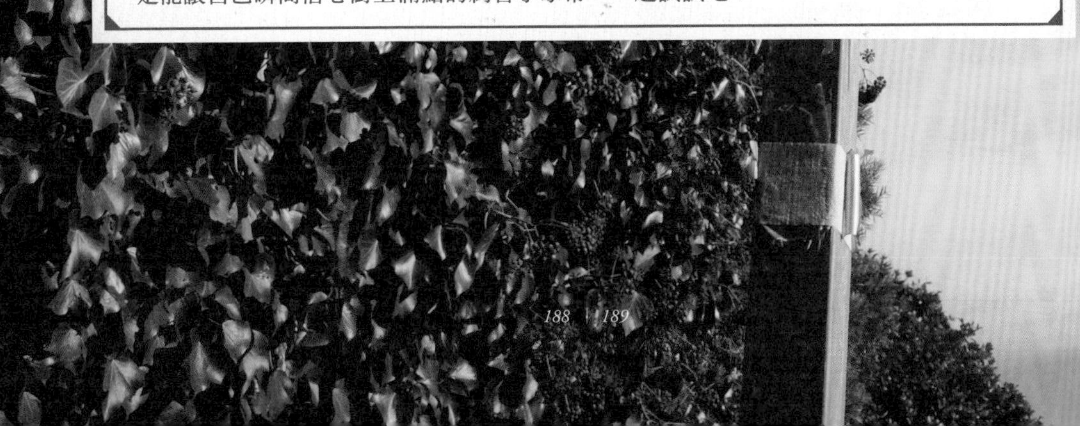

來自遠方的歸屬感

Step Thirteen

對於這世界，除了台灣，從小第一個想去的城市是「紐約」。

其實早已忘了是什麼樣的場景和情緒，自幼便將紐約這城市深深烙印在心裡，以致對於那城市有著許多繁華瑰麗的幻想，想著，若哪日飛向那國度，第一站一定要踏落紐約中央公園的草地。天不從人願，奔往那國度落腳的第一站是沒有夏季的舊金山，毫無心理準備，更少期待，在腦海中她僅是個地理課本上曾出現過的城市名。

在美國的三年，因家人工作之由，始終沒有搬回洛杉磯的家居住生活，因此，住在 San Jose 這三年，內心多半是未知而擔憂的，或許是對一個新空間的期望、寄託與實質之間的落差。記得尚未抵達之前，收到了即將入住的租屋照，令人興奮，十坪大小的空間，細心佈置仍會是個溫馨可人的小窩，但，這天始終在路上，沒有到來，而心中那份極為需要的歸屬感與安全感，一直若有似無地懸缺著。

那些年，因著地利之便，給自己安排了一、兩趟小旅行。

第一趟選擇飛往西雅圖，轉搭郵輪至阿拉斯加看那銀藍光色的冰山，行程中除了沿著海域停靠幾個首都城鎮，也在氣候和煦的加拿大維多利亞港稍作停留。還記得那天港灣氣候冷冽，搖頭晃腦地搭乘接駁車前往市區，雙層巴士上，乘客一手按壓不時吹起的帽子，一手慌忙拿起錄相機胡亂搶拍。抬頭看著灰藍的天空，沿途多次參差樹枝劃過，乘客們起站、低蹲避諱面與面的交錯。無法正面迎視，像是對於人生的期待與失落的交錯重疊，期待著能否找尋可稍作藏匿的樹屋裡，休息喘息。這是我對這城市最深的畫面和印象，很美、很自由、很和煦，也很寂靜。

七天八夜的航行路線，第一次這麼靠近北極圈海域，沿途停靠一些城市，如 Juneau、

Skagway、Ketchikan 等等，對許多人來說，應該是趟慵懶多元且放鬆的旅程，但我卻始終在旅途中找尋一絲安定。許多人眼裡的美好畫面，有時是透過了片面假象在海中飄盪著，漂到了某處，踏了岸、望了景，新鮮與美好能綿延的長度，似乎是因著人與景物間那層視網膜擴散或剝落，令人恐懼。

那是第一次發現自己真心想擁有一個屬於自己能全權掌控的場域，即便沒有佈景。

下了船，似乎還在晃著身子，有些不真實。阿拉斯加海域中的大小冰山，不曾想像，以為就是座潔白山嶺，遙望遠處的山腳邊，應該是雪白色冰霧，帶著這人造地球所賦予的漬跡。爬往較高的甲板上，倚靠郵輪鐵欄邊，廣播員解釋著行經航道因其他船隻交錯而需停留放緩，那時看著一旁被船身撞碎的小冰山塊，雪白中透著靛藍，像是來到了宇宙無法解釋的異度空間，我不確定是否真實，亦不確定自己身處何地。這就是一直以來所冀望的嗎？答案似乎越來越模糊了。

踏上西雅圖後，愛上這城市，也許是因為她帶給我的安全感。無需搭乘任何交通工具，就能走遍這城市；她方正、簡單、易懂，最重要的是，明確的街廓可以讓我很清楚知曉，這就是我所處的地方，安心。這是我在美國一直找尋的認同感，極其渴望能在這陌生國度，找到屬於自己真正的家的感覺。曾想著，也許內心欣賞著舊金山帶給我的氣息，孤芳美麗卻有些不明究竟；而西雅圖卻能給我這樣的安全感，有些驚訝，或許是曾提及的微雨。

東西岸的時差三小時，後來的紐約行，飛往東岸的時刻被大雪延後了一整日，有些心急，有些失落；開心的是，同樣是飛往陌生城市，有親愛的家人在那兒等待著我，陌生城市竟突然有了家的感覺，多麼讓人難以理解的心情。

飛往紐約的途中，心情早已開始從這國度裡緩慢剝落著，只是速度有些緩慢，在空中望著一朵朵棉花糖般的雲朵，耳機裡的音樂早已忘了是什麼，只記得倚窗的自己，落了好幾次淚水，內心逞強地告訴自己，無論如何，要為自己找到家的感受，即使早已奮力甚久，即使早已知道結果。飛行中，個性倔強的我，在內心告訴自己，這趟，就和家人朋友們一起好好探險這一直都想前往的城市，她是我內心的第一，至今仍是。

據說那年的紐約，是近年最寒冷的一次。其實我沒看見中央公園的草地，踏上的全是結冰的雪白，每一踏烙上的腳印，都告訴著自己，一定得再回來，回來看這片雪白下真實的原貌，因為那是腦海中曾想過的畫面，而置身其中的幸福快樂，那畫面裡有最真實的自己。很重要。

紐約像極了更大更快速的台北，霓虹起落、多采多姿，無一處不是喜愛，雖然地鐵有時令人膽戰，但站與站間的廊道，有著超乎專業的街頭樂團表演，駐足許久。曾試想，若有天能和心靈伴侶一起牽手走遍紐約，那會是什麼感覺？

也許是像《曼哈頓戀習曲》（Begin Again）的男女主角般，一起牽手踏過每條有著霓虹招牌的街道，走往歌劇院那方的時代廣場，搭上地鐵並肩倚靠，分享器裡的音樂，流串過耳機線只需要零點一秒，串起的記憶卻無限延伸。那樣的距離，其實，很近、很近。在那樣的城市裡，彼此能否走過漫長黑夜，在晨曦時，回到同個空間，安心喝著每天需要的黑咖啡，相視而笑。紐約，是個美好的記憶。

三年的時間，藉由幾個旅行過的城市和自己居住的所在，找尋所謂的「家」，似乎始終不曾抵達終點。東急西緩，節拍器在飛行中不斷調整著，佯裝堅強不被吹散的雲朵，要自己將所有淚水留在空中、凝結，不帶往落下的城市，那是給自己的指令，因為，飛行的時差不能被改變，只能依循。有些惆悵，有些無奈，倘若能重新一回，或許，我依舊會選擇這樣的方式，在每個不同的城市裡，留下當時的記憶，用城市的步行去釐清許多曾經的以為，什麼是家，家在哪兒，內心真正的冀望能否真實面對，就讓那些越顯清晰的淚珠，留在飛行時的對流層中，落腳下個城市的記憶，只有快樂和更快樂。

為此，我仍必須為她（舊金山）註記，無論多久，她永遠都是讓我擁有快樂記憶的美好城市。無論多久。

牛奶焦糖冰淇淋鬆餅

Meal

天氣稍稍轉涼了，但早晚溫差依舊非常大。可能內心知道今天會是非常忙碌的一天，所以一早就不由自主地做了非常澎湃的早午餐，坐在陽台窗邊，涼風徐徐，邊看買了很久的《兩個人的老後》，緩緩吃完後有種可以動起來的感覺。

食材

Ingredients

2 包市售已分裝鬆餅粉

3 顆雞蛋

1 碗香草冰淇淋

1 條辣味熱狗

1 塊冷凍鱈魚

1 顆酪梨切小塊

1 顆蜜桃切片

適量自製蘋果奇異果果醬

適量薰衣草海鹽

適量藍莓（草莓或各式莓果類）

適量巴薩米克醋

少許焦糖

少許松子

＊以上食材、調味用量皆可依個人喜好調整

Fish roe spread
NET WT
6.7 OZ (190 g)
IKEA

步驟

Method

在早午餐之前，先介紹一下在美國我最喜歡的蔬菜之一——「Kale」（羽衣甘藍）。外型可愛，貌似花媽頭（充滿歡樂的「我們這一家」）的 Kale，其含豐富維生素、葉酸、胡蘿蔔素、葉黃素、鐵、鈣、鎂和鉀，每到此季節，許多有機超市就會開始有大把大把捆好的 Kale 出現在蔬果特價區，加上自己熱愛這把花媽頭的種種原因下，上週便順手買了兩把回來增加腸胃纖及幫助排毒順暢。

料理 Kale 的步驟非常簡單，先用石垣島辣油作為基底，將 Kale 大塊切段拌勻，將炒過的蒜片、義大利香料、黑胡椒和海鹽，倒入鐵盆中和葉片一起放入拌勻，送入預熱好的烤箱烘烤約 10 分鐘即可。取出後可灑些杏片、蔓越莓乾或核桃碎混合拌勻，一個人的中午，超大一份的纖維，不但超有飽足感，熱量也很低。有時我也會將烤過的 Kale 取代原本早午餐裡的沙拉，以增加早晨吸收豐富纖維素方式。

今天幫自己做的早午餐是「藍莓焦糖冰淇淋鬆餅」。這次用的鬆餅粉是在日本超市買好四小袋一大包販售的鬆餅粉，依照包裝外的指示製作鬆餅，將兩顆蛋與兩包鬆餅粉一起打勻，分次放入平底鍋中小火慢煎。另一爐火上再起一小平底鍋，小火煎熱狗及太陽蛋。同時間，小烤箱裡也烤著冷凍酥烤鮪魚。

小火等待所有過程間，可先取一木盆，放入當日準備好的沙拉葉，切上一顆酪梨、蜜桃或其他自己喜歡的水果，一起放入沙拉葉中，淋上巴薩米克醋拌勻，最後撒上松子，沙拉部分即完成。這時兩平底鍋中所製作的鬆餅、太陽蛋及辣味熱狗也同時可完成上桌。

這天，不小心把準備好的草莓連同玻璃碗給摔了，臨時改成冷凍的藍莓替代。在鬆餅上放上一球香草冰淇淋，趁著有些融化時撒上藍莓，最後再淋上些許焦糖（或楓糖），甜滋滋的幸福鬆餅早餐就完成了。差點忘了，每天早餐一定要有榛果豆奶黑咖啡。料理時總是會狀況百出，只要能隨機應變出自己喜歡的料理，無論用什麼方式取代或改變，都能完成這道料理，那就是最真實且幸福的味道。

紹興鹽麴漬秋刀魚

Meal

緊繃了十多天的心情，暫且拋開這幾日的詭譎矛盾，想用前兩週送達的《Shopping Design》聊聊有點想念台北的心情。這期主題是「台北人」的創意練習，內容讓我有好多話想說，是溫故知新，是自我剖析，更是對故鄉的思念。

陳駿霖導演說：「台北的夜晚很浪漫。」是的，台北夜晚閃爍著的霓虹，不只浪漫，更有著更多空間，讓人能把內心所想的，都能在這夜裡釋放。躍入而立之年後，台北的變遷又更以倍速地蓬勃繁盛。各式特色的咖啡廳、各國料理雨後春筍猛似地萌芽，得利者當然是我們這些小老百姓，能待的地方多了，城市的藝術氣息也提升，也好像覺得距離所謂的藝術之都又更近了些。

食材

Ingredients

2 條秋刀魚
1 杯紹興酒
約 5 大匙自製鹽麴
少許檸檬片
少許椒鹽粉

＊以上食材、調味用量皆可依個人喜好調整

a
b
c
d
e

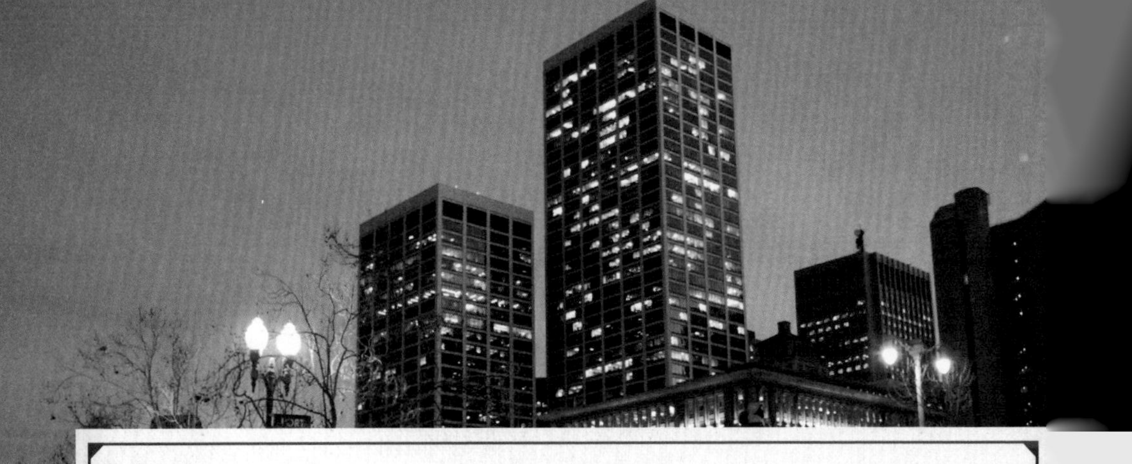

步驟

Method

平時做秋刀魚，大多也都以海鹽鹽漬後直接烘烤，擠些檸檬、沾點椒鹽粉，秋刀魚就能迅速且華麗的上桌，而我平時最喜歡料理的完整魚類，除了鯖魚之外，就是秋刀魚了。

首先，先將鹽麴均勻塗抹在秋刀魚兩面（a），接著於醃漬器皿中加入紹興酒（b），醃漬約 2 小時，並於 1 小時後將秋刀魚換面醃漬（c）。將醃漬好的秋刀魚放置於刷上奶油的烤網（下方需放置鐵盤盛裝剩餘油脂）（d）。烤箱預熱 200 度，送入烤箱烘烤約 20 ～ 25 分鐘即完成（烘烤時間請依各家烤箱火力大小調整）（e）。

很多人不喜歡秋刀魚的原因大多在於魚刺過多、過細，吃起來有些麻煩，而我偏偏特愛居酒屋烘烤的秋刀魚，因此，自從開始會自製鹽麴後，便開始發現，用鹽麴醃漬的秋刀魚，並不會像一般海鹽那樣死鹹，而是淡淡的鹹味。而加上紹興酒的發想，單純是因為自己非常熱衷做任何料理都想用紹興酒作新嘗試，紹興酒總是有種帶點微微中藥酒的酒香，特別是用於湯類料理時，若是熱熱喝下添有紹興酒的湯頭，都會有莫名的幸福感。

就在某次家中米酒都用完又懶得起身出門採買時，決定用紹興酒來做替代及嘗試。沒想到，一試成主顧，爾後烘烤秋刀魚時，總會用紹興酒取代米酒去除腥味，烤完後的魚肉更是酒香中摻著淡淡的鹽麴米香，擠上幾片檸檬，清新爽口的魚肉口感，再沾一點點椒鹽就能作為當晚的下酒好菜了。

灣岸路線Ⅲ

灣區日遊

Plow

Cable Car

Lombard St.

Fish

Golden Gate Bridge

Bay Bridge

Ferry Building

Plow

灣區裡唯一讓我將馬鈴薯塊全吃下肚的餐廳，開放式廚房、等候區的大樹木椅空間，無一不是我對它的鍾愛。

Add	1299 18th St San Francisco, CA 94107

Cable Car

舊金山絕對不能錯過的叮噹車，一天只需六塊美金便能乘坐叮噹車，和它一起穿梭整個灣岸的特殊坡道地形和美景。

Add	110 S Market St, San Jose, CA 95110

Lombard St.

在附近租輛卡丁車，一路從花街上方彎曲駛下，俯瞰整個舊金山的海灣，絕對是不容錯過的經典景致。

Add	Lombard St, San Francisco, CA 94133

Fish

穿越金門大橋的 Sausalito，必訪 Heath 第一間工廠買些鍋碗瓢盆，更要到 Fish 點份 Fish & Chips 和巧達湯，才能說你到過 Sausalito。

Add	350 Harbor Dr, Sausalito, CA 94965

Golden Gate Bridge

一年可能有一半時間會因大霧而無法見其全貌，舊金山馬拉松賽的經典跑道，此生必訪景點之一。

Add	Golden Gate Bridge, San Francisco, CA 94129

Bay Bridge

重新建造修整後的 Bay Bridge 在我心裡勝過經典的金門大橋，傍晚亮燈後的 Bay Bridge 與穿梭雙層裡的車流，在夜晚中融為數道霓虹線流。

Add	San Francisco – Oakland Bay Bridge, California

Ferry Building

假日最精緻的農夫市集，可以從這方船岸通往另一方的天使島，而建物外的高聳鐘塔更是灣岸中最耀眼的港口。

Add	1 Ferry building, San Francisco, CA 94111

Friday

是自己獨享的逛街日。

星期五是個不做早餐、不閱讀、不買菜，什麼都不做，起床後只吃麥當勞的歡樂日。這天會賴床賴到自然醒，時間最晚不能超過十點，十點十五分之前必須抵達麥當勞吃我最愛的六號餐；夏天時會選個有陰影的座位，冬天則喜歡買了榛果黑咖啡後，直接在車上邊看書邊吃，享受早餐前，總沒忘將副駕駛座的窗戶留點縫隙，好讓空氣稍稍流通，一個人盤腿坐在車裡享受的時間，其實眨眼就已過了午膳。

一般來說，對於週五出現陽光普照的期待是非常高的。早午兩餐併食後，驅車前往僅十分鐘車程的 Westfield Valley Fair，逛逛廚房家飾、新款器皿、衣服折扣等等，在重新改裝後的 Westfield 裡，隨便一逛都能耗上三、四個小時，這是一棟連住在紐約的好友都會嘖嘖稱讚的豪華百貨，私一度認為應該有華人投資設計，才會如此符合台灣人的逛街息性。

逛累了便隨時能走去電影院對面的 Peet's Coffee，又或留在 Nordstrom Café 點杯黑咖啡、吃片香蕉蛋糕，等待著下班前來碰面吃飯的友人。無論這天有無購買到自己的商品清單，前往停車場取車前，心裡總有些不捨外頭天已暗卻，到家後雖然並非直接面對憂鬱的週一，卻帶著某種程度的失落感。

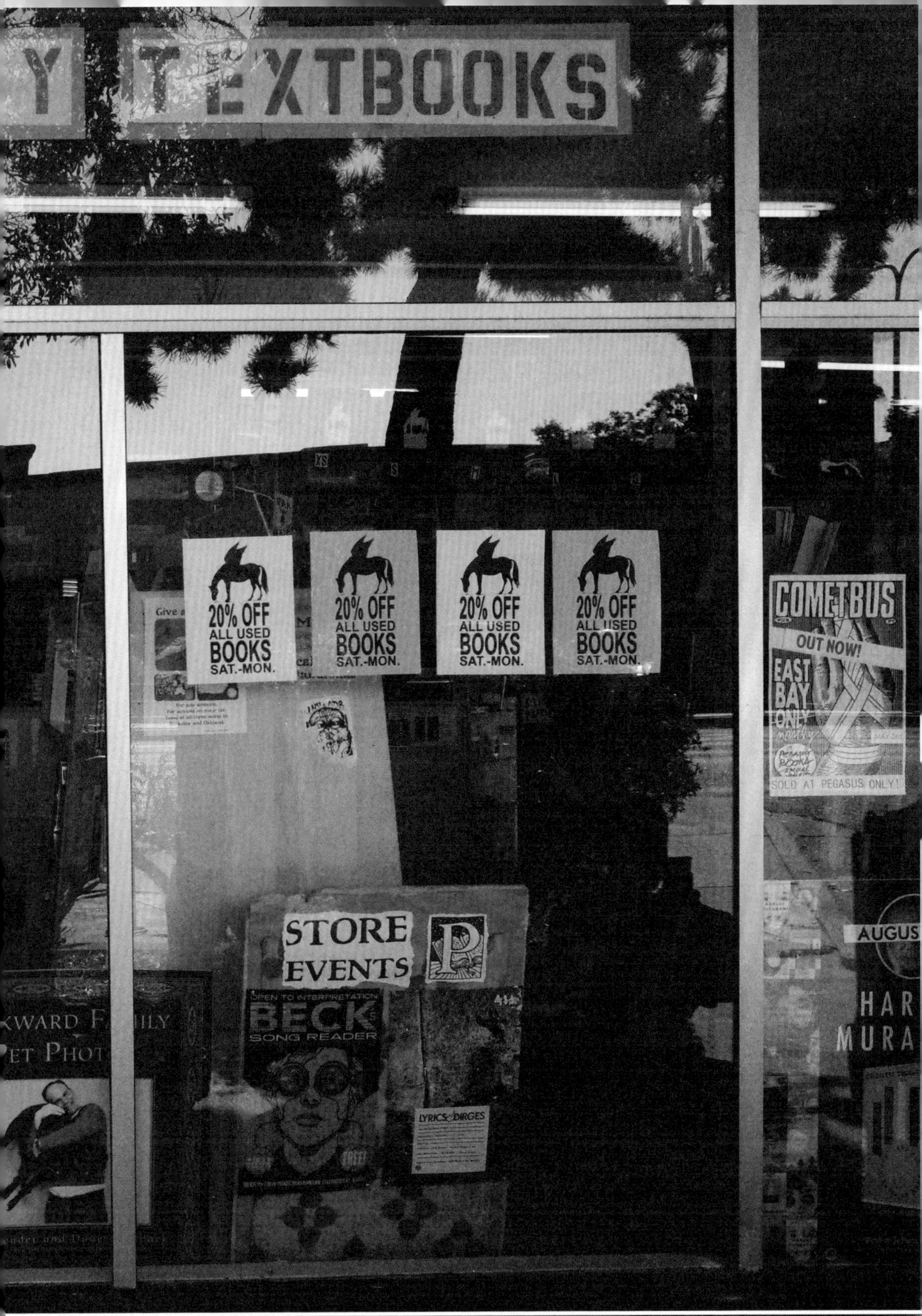

COMETBUS
OUT NOW!
EAST BAY
ONLY
SOLD AT PEGASUS ONLY!

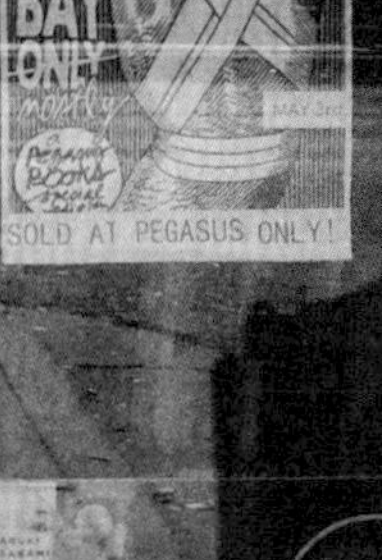
AUGUS
HAR
MURA

想念的感覺

Step Fourteen

記得決定飛往美國前的那一、兩個月裡，時不時便有親戚或友人們詢問同樣的問題：「妳就這樣飛走，爸媽不會捨不得嗎？」直至此刻，我依舊得說，他們不會，真的不會，只要我們能過得比他們更好，那麼一切就值得了。

從小父母對我和妹妹的教育比起一般人而言，確實有些不同。好比，我的爸媽能和女兒侃侃而談關於男女或夫妻間的性生活或經驗，對我來說，這是非常珍貴的。還記得在國小五、六年級那年，家中剛好有機會能移民美國，但當時我和妹妹在毫無概念的狀態下拒絕了。即便延遲一年後的寬限期，我們仍舊選擇待在父母身邊，但，我並不能夠確認，這樣的決定對他們而言，是開心還是失望。

那時我們和爸媽的心境並不相同。他們想的是，倘若我們兩姊妹能在那生活，未來的教育或視野都能更加開闊，也能擁有比其他孩子更能拓展國際觀的機會。而我們斷然拒絕了兩次。原因是不希望父母因為想給予我們更好的生活，在已過了一半人生之後，還得要離開熟悉的家鄉，重新適應全新的環境，包括語言學習以及社交本能，一切的一切，對於當時已四十出頭歲的父母而言，其實是有些辛苦的。這是我唯一拒絕移民的理由。

自小，爸媽便告知我們兩姐妹，無論是誰，在這世上都是各自獨立的個體，他們總會離開，我們得學會獨立，他們會有自己的生活，我們也得要學著獨立生活，並非依存。

這些觀念在我成長中所接觸的朋友裡，真正能接受的家庭並不多，即便認同這樣的觀念，大部份父母是無法實際做到的。而我的父母，完全能夠，這也讓我在內心曾許下，若哪天能有機會成為人母，我也會這樣教育我的孩子，讓孩子清楚了解，你並不是我的附屬品，而我也並非有義務負責你的人生，因為你是你，我是我，彼此雖有親子關係，但始終是獨立的個體。

在舊金山時，我總是看著家裡的時鐘，習慣性地往前推三或四小時，想著此刻的爸媽正在做些什麼，特別是週末假日時。想著他倆是否又早起，媽媽應該剛從佛堂做完早課，和爸爸一同出門散步到家裡旁邊的麥當勞吃早餐、看報、上網聊天。記得我在某個週末必須早早外出時，在車上看見走在人行道上的爸媽，很甜蜜地牽手走著，他們總有說不完的話，也許談論著生活，也許聊著我們這兩個女兒，也許爸爸又在說著冷笑話，而無論他們的談話裡是什麼，在一起四十多年還能如此，夫復何求。而這總是我時常想到他們一起的畫面。

在美國的期間，甚少與父母講上幾通電話或視訊，並非沒有思念，而是我們都知道彼此過得很好，不需過多言語，只需要通訊軟體的幾張圖片，真已足夠。奇妙的是，當每個月的家庭聚會時，我們都有說不完的話，時常哄堂大笑到隔壁桌或店員會笑著說：「你們家感情好好喔，看了讓人好羨慕。」這樣的場合發生過數次，那是只有我們四個人才能懂的快樂與幸福。

這樣的觀念和相處模式，在無形中，帶入了自己和另一個家庭的生活時，才深覺，並非所有人都能理解這種相處的默契和自在，因此曾領略無知對象脫口而出的評斷話語，那些讓人誤解的狀態在無法強力為家人護航時，心裡很是難受。

當人生經歷過一些轉彎時，才會驚覺，其實所謂的包容力，時常都是高估。

我曾經以為，自己對於另一個不同原生家庭能夠擁有的包容力應該極大，結果並非如此。在婚姻和家庭教育中，我始終相信，父母的身教、言教絕對是一個孩子成長中最重要的學習對象。父母的感情恩愛、媳婦與婆婆的感情和睦、父母對於孩子教養的嚴格要求，無一不是我們看在眼裡學習的榜樣，並努力實踐。

對於父母給予的一切，我始終感恩且感激。記得在飛往美國的三天前，我寫了封信給爸爸，那時的我和他，只隔著一道牆，關起房門裡的我，早已不知哭濕了多少張衛生紙，聽著林育群的〈人海中遇見你〉，心裡想著，自己多麼幸運能成長在這如此幸福的家庭。

那封信裡，我寫著：「這輩子，我有多幸運，能生長在這樣一個充滿愛的家庭裡。我的家，有著連我自己都數不盡的愛和疼惜，有著許多身邊朋友都無法想像的家教和規定；很多人覺得我的父母給了我們很嚴格的教育，無論走路、說話、吃飯、禮貌、不能穿耳洞等等，我們姐妹倆有著許多不知怎麼來的規定。如今，我們絲毫沒有半點埋怨，只有感謝。感謝他們這樣的身教、言教，無一不是他們用心的教導，無論家裡當時的狀況如何，總不會讓我們感受到絲毫辛苦；我並不確定，若假以時日我有了自己的孩子，是否能夠像他們一樣能做個嚴格的父母，卻又是我一輩子最要好的朋友。」

我的腦子裡有著許多父親給我的教誨。每個階段，每件事，每個問題，他總是思考過才告訴我們他的建議；他總是謹慎小心、總是認真工作，也總是輕鬆生活──這是他所給我的非常重要的人生觀之一！

記得我曾經在上班時寄了封 mail 問他：「爸，你覺得你的人生目標是什麼？」當時他只簡單回了幾句話，告訴我人生每個階段的目標都在不斷改變。

事實上，當我選擇了景觀建築，他雖然不很贊同，認為女孩子念這科系可能有些辛苦，但也因為自己女兒的喜歡與期待，在開學前，便收到了他為我準備好的許多製圖工具，為了協助培養我對於建築的概念和眼界，每個月都會拿許多建築師的相關資料供我閱讀。

當我在 CECI（中華顧問工程司，今改名「世曦工程顧問」）做簽約工讀生時，確定了未來不會走這條路，而是毅然決然選擇了夢想中的VM（Visual Merchandiser／視覺陳列設計專員）工作。即使他不很滿意，但依舊不時默默在書桌上放著能讓我翻閱的雜誌，偶爾說著，要多閱讀些對自己有幫助的書籍才能加強、彌補自己的不足。最後，他告訴我：「對於美，每個人的定義都不同，這不會是份簡單的工作。」

爾後，誤打誤撞闖進的IT產業，竟是開啟且看清自己能力的陌生領域。「業務」，一個自己非常討厭的工作職稱和內容，因好勝心驅使，從空白到滿溢，每一步都走得比想像中更紮實甚至難熬，卻也因此愛上這樣的自己。此時，我才真正懂得媽媽常告訴我「妳和爸爸真的很像」的原因是什麼。

在感情的路上，也是他讓我學會懂得珍惜自己、愛自己、懂得做自己、保護自己的人。我永遠不會忘記，十多年前的凌晨四點，他在客廳跟我說的那些話，因為那些是讓我這輩子懂得堅強，懂得在自己難過時，最難過的並非自己，而是看在眼裡卻說不出的父母。

如今，回到了家鄉，看著他們回想這三年來不在他們身邊的日子，偶爾聽著爸爸仍試圖試探著，是否該再前往異鄉去找尋該擁有的自我與生活；依舊了解他們對於我們，從沒緊抓，只要看著我們平安健康地在空中飛翔，便能心安繼續。

記得當時在起飛前的候機室裡，倏忽間，收到了爸爸回給我的留言：「凱華，妳永遠是爸爸的最愛，記得碰到困難的事不能急，心要冷靜、要勇敢。祝妳快樂與幸福！」

此刻，淚水依舊。

家傳鮮蝦玉米木耳高麗豬肉水餃

Meal

今天在聖荷西的冷空氣中懷舊了許久，翻閱了手邊的行事曆，恰好在一年前的暑假，第一次在這兒紀錄下老媽教給我的家傳高麗豬肉鮮蝦水餃。一年後的今天，自己試作了新版本，用了自己喜歡吃的玉米作為這次強打的新朋友，興致一起，還加入既營養又有口感的黑木耳，從幻想可能的口感，到最後吃下肚的滋味，只能和老媽說：「回台灣換我包給妳吃吧！」

食[illegible]量約包 200 ～ 220 顆水餃，但需依據水餃包餡的大小而訂，此次用量包了 200 顆

Ingredients

2 磅瘦豬絞肉

1.5 磅中偏肥豬絞肉

1 磅蝦肉

1.5 罐市售玉米粒罐頭

1 整顆高麗菜

2 顆雞蛋

200 份水餃皮

市售 2 大盒黑木耳

約手掌 2 ～ 3 把蔥花

約手掌 2 ～ 3 把薑末

適量清水

適量鹽

適量麻油

適量橄欖油

適量醬油

適量白胡椒

適量麵粉（視狀況再看有無需使用）

＊以上食材、調味用量皆可依個人喜好調整

a
b
c
d

步驟

Method

先將高麗菜切絲撒鹽搓揉，放置於一網狀洗菜籃中，靜置 15 ～ 30 分鐘，讓其因鹽分自行脫水，備用（a）。在等待脫水的時間，先將青蔥切成細蔥花，薑切成薑末，蝦仁則依其大小切約三或四段（需挑出腸泥，且此次所用的蝦子份量較多，因此口感非常實在）。接著將木耳切碎，喜歡有口感的就稍微切大塊些，依個人喜好調整即可，而包入餡的木耳可燙可不燙，看個人喜好亦視各家習慣而定（b）。

將方才靜置一旁的高麗菜脫水，用手擰乾，和其他用料一併放入準備好的鍋中，倒入所有調味料和雞蛋，用手抓勻。醬油、麻油、橄欖油，我都以繞圈方向淋個三、四圈，若是抓勻後黏性不夠有點濕，記得要加點麵粉調整一下（切記，無論用量多少，香油和橄欖油的分量要各半）（c）。將餡料拌勻後，若太濕可加些麵粉拌勻即可。接著就可以開始包水餃了。記得每顆水餃裡都要包 1 ～ 3 顆蝦肉才好吃噢！（d）

前幾天看到這次試作改良版本的朋友們裡，最多人問的是：「妳怎麼會想到要包黑木耳啊？」選擇餡料前，其實也在想，是否將木耳作為水餃餡有些詭異？聽起來也有些怪怪的，似乎也沒人這樣吃。真正原因是，前一天去買玉米罐頭時，剛好在蔬菜區看到自己非常喜歡的黑木耳，加上腦子裡幻想的脆脆口感，隨手就抓了兩大盒回家，理由就這麼簡單。而這方式，後來讓一位媽媽給我了很棒的回應，因為她孩子對於黑木耳或紅蘿蔔這些健康食材都有著極大的抗拒，但用了包水餃的方式，讓家裡的孩子們都能在吃水餃時一起將健康食材吃下肚，這可是能解決媽媽們對於挑食孩子的好方法呢！

半筋半肉辣味番茄牛肉麵

Meal

前幾天休息在家猛拉筋和按摩的日子，邊拉筋也不浪費時間，拉呀拉地就邊拉筋邊燉了鍋半筋半肉番茄牛肉（麵）。所以今天就稍稍認真記錄一下這個綜合好幾個版本，再另外加上自己亂想出來的番茄牛肉麵，真的是好吃到自己都很自豪猛比大拇指，牛筋燉得無敵軟嫩，超滿意！

食材

Ingredients

2.5 磅牛筋

1 磅牛腩肉

1 顆紫洋蔥

4 顆牛番茄

2 大根芹菜

6 ~ 8 薑片

6 ~ 8 大蒜

6 ~ 8 大匙醬油

3 ~ 4 大匙醬油膏

4 ~ 6 大匙番茄醬

2 大匙辣豆瓣醬

4 大匙紹興

3 大碗自製熬煮牛骨高湯（視狀況再看有沒有需要放，沒有牛骨湯用一般賣的高湯，或是用雞粉＋水都可以）

少許冰糖

適量蔥花

適量香菜

＊以上食材、調味用量皆可依個人喜好調整。

a
b
c
d
e

f
g
h
i

步驟

Method

牛腩肉、牛筋汆燙，滾出血水，撈起浮沫，備用（a）。將紫洋蔥切碎、薑切片，小火爆香至金黃，放入蒜薑，炒至香味散出（b）（c），放入牛筋、牛肉，轉中火翻炒，一邊炒一邊加入醬油、醬油膏、番茄醬、辣豆瓣醬，炒至滾後，再續炒幾分鐘，讓整體香氣充分釋出（d）；在此步驟請依序慢慢加入，且建議醬油不要一次全放，味道不夠的話，後面的步驟都可以再做調整（e）。

接著放入切好的牛番茄（f），將切好的番茄塊拌炒，大約炒 3 ～ 5 分鐘會慢慢開始糊掉，並加入辣豆瓣醬在拌勻，再慢慢用筷子將番茄皮夾起去除（不夾掉也無所謂），此時也可試吃牛筋，應該已經有五、六分軟 Q（g）。轉小火悶煮 30 ～ 40 分鐘。此步驟請不要加任何的水或是高湯，蓋子蓋著鍋內就會慢慢開始悶出些水。此圖為開鍋後的景象。不加水的目的是，為了要讓整體的醬汁和肉質能更完整吸收融合（h）。悶好後，加入自製的牛骨高湯、一般市售高湯或雞粉加水調和，皆可。加約 4 ～ 5 顆冰糖、2 根西芹，蓋鍋小火燉煮 1 小時。加入西芹，為的是讓湯頭添加一份清香解膩的爽口感，完成（i）。

這次我選用的牛筋比牛腩肉的份量來得多上許多，所以花了比較多時間在燉煮過程，大家可稍微視自己家中使用的鍋種衡量一下時間，不過用 LC 鍋燉牛肉，燉煮的速度及肉質軟爛程度都讓我非常滿意。

調味的部分，醬油和醬油膏幾乎是鹹味的主要來源，所以還是強烈建議大家慢慢「逐次加入」，這樣之後要再調整都會比較容易。「辣豆瓣醬」是我覺得很重要的重點。因為個人非常偏愛「寧記辣豆瓣醬」，所以每次都會放上個兩、三大匙，湯頭口感微辣且甘醇濃香，我自己非常喜歡；不過每個人對於辣豆瓣醬的味道喜愛都不同，最好是挑自己喜歡的辣豆瓣醬去燉煮，因為這部分幾乎會影響整鍋的主體味道。

湯頭可依照個人喜好增加或減少，喜歡喝湯的就可以多加點高湯熬煮，之後再稍微調整一下味道，喜歡吃濃稠一點醬汁口感的，就要注意小心鍋底燒焦，記得燉煮時還是要不時去攪拌一下。上桌前，記得在碗裡加些蔥花或香菜，整碗牛肉麵就無敵好吃囉。

一直很喜歡獨自穿繞在喧囂城市，坐於咖啡廳玻璃窗邊，觀察各方往來人群，或掛上耳機，藏身綠叢旁，整個城市如同自己主宰，任憑你寫上對白，混亂的世界也能成為格林童話。

旅途中的陪伴

Step Fifteen

無論舊金山或聖荷西，都不是我所成長之處，過去的二十九年來除了美屬夏威夷群島外，其實尚未踏上過這片土地。有興奮亦有擔心，興奮地期待這兒能帶給我所有全新的視野、全新的文化，畢竟我是個生活裡不能沒有新事物持續發生的人；而擔心的或許是人與人之間的社交，偌大的城市裡，哪兒能夠找尋到幾許可談天說話的朋友，其實是新生活裡最現實且強烈的考驗，況且母語完全不同。

我第一個在美國認識的朋友是一起在社區大學上課的韓國同學。許多人的印象中，台灣教育下的孩子英文發音總是比日本及韓國人來得標準許多，某次下課，在放緩說話頻率和搭配比手畫腳之下，得知原來她是個來這已六年的韓國媽媽，老公在美國的三星總部上班，甚至表示比較希望以後都能一直待在美國，別回家鄉了。

在這兒認識的朋友其實挺有限，其中之一則是我的中醫針灸師，她是在南加州長大的香港女孩。記得有段很長的時間，我每週都會到針灸師那裡做推拿、調養身體，而高高魁魁的她說話有點急，但聲音非常柔和，與其外表不那麼相襯。那時她有個交往幾年的男友，不知道是否該早些生孩子，但已正在同居的他倆其實已往結婚的方向準備，只是彼此的家庭觀念有些落差，使得這女孩不那麼確定是否當下的路是正確的。透過每次推拿短短的一小時，我們聊著彼此每週的生活趣事，也抱怨工作或與另一半交往間的小爭執。最後，在她決定結婚前，離開了診所，準備自己籌備一間工作室；一來希望早些懷孕，二來則是希望能彈性上班，讓自己有比較多的時間來照顧家庭。

後來，偶爾在她給我的部落格裡，看著她開始料理起以前曾說著的香港家鄉菜，最近一次更新，則是去年感恩節的全家福明信片，畫面裡的她，肚子已有了第二個可愛的寶寶。

另外有個可愛的女生，我總是稱她小新娘，他是香港女孩老公好友的老婆（有些複雜）。我和她的背景極為相似，抵達美國生活的時間也差不多，甚至連住家距離都非常近，當時我們對於台灣人結婚宴客這件事都有著龐大的苦惱和壓力，因此便熟稔了起來。我對她印象最深的是，她非常非常聽老公的話，無論如何，她都是那個只會跟在後頭說「是」的太太，對我而言，實在有些不適。

我總在相約出門喝咖啡時問她，沒有自己的生活，難道不辛苦嗎？而她總有些羞赧地跟我說：「我從小的目標就是要嫁給一個男生，然後全心以他為主，把自己完全奉獻給家庭，這是我一直想做的事。」

那時我其實並沒有太多理解，只覺得這樣的人生真的能夠過下去嗎？沒有了自己的工作和想法，取而代之的家庭生活真的能夠在其中得到成就感？當時的我，沒有想要找尋答案的動力。

這三年的時間，我和大學同學成立了我們的社群網站「廚房旅行日記」，一開始只是兩個人想記錄外地煮婦生活的小專頁，不知怎麼突然有這麼多朋友關注。如同我們曾在私下聊著，到底誰會來看我們的廚房，真的很令人好奇。

在經營的途中，認識了許多陪伴在身邊的朋友。其中一個便是和我同在北加州的佳君姊，她和我們一樣，學景觀，是個很棒的景觀建築師，更是個全能媽媽和太太，認識她是因為她們四姊妹的專頁「五個人的三樓」。因為在美國的相伴和交流，我們便在二〇一二年暑假返台時相見歡，記得第一次見到佳君姐，個子嬌小的她坐在茶屋的窗邊，我從外頭便能揮手瞧見。進屋後看見她臉上親切的笑容，以及屬於台中人的熱情，臨走前她留了張紙條給我，上面有著姓名和電話，要我回舊金山後記得跟她聯繫。那時的我，又驚又喜，更覺幸運。

十月返回舊金山後，先主動聯繫的反而是對方。電話鈴聲響起，她總熱情又小心翼翼詢問我是否在忙，問我返美了嗎？最近忙些什麼？由於從碩士班就在美國生活的她，或許能完全懂得我會於陌生環境的需求和恐懼，因此總會邀我到他們家作客或吃飯聊天。甚至有空時也會帶著我一起去接女兒下課，陪我說說心事、解解悶，告訴我許多她在人生裡一路以來的心路歷程。當然，許多好吃、好玩或是許多家飾品牌，也是她在無形中帶著我認識的。

其實，我總沒告訴她，那段有些辛苦的日子裡，多虧有她的陪伴，陪了我走了段不算長、卻非常重要的一段路。謝謝她總是對我有莫名的信心，也用她的直率和經驗教導我許多、許多，讓我能在人生轉換的階段上，清楚地想透人生的目標。由衷感恩。

三年來，真正在生活中裡一起生活相處的朋友屈指可數，確實有些遺憾。但因為有著這些朋友們，和自己這段不得不轉換生活模式的人生歷程，如今，我所嚮往的也早已不是三年前那事業心極強的成就感，而是另一個自己。

也許環境的氛圍和人們的生活模式，確實會影響一個人對於人生的定義，而在我身邊的這些朋友，他們最終追求的絕非是個人的成就感，而是一份安定的愛。這對我而言，影響至極。

若回到三年前，我絕不認同所謂的「家」能帶給人安定的成就感和衝刺感。但後來我知道，一個人可以從自己所建立、創造出的家得到極大的安全感，是多麼令人安心和幸福的事，這絕非在功成名就時能感受得到，亦非從前的我所能認同。

而今，我希望自己能有個家，有個能讓自己依靠的另一半，能像爸爸那般讓我安心、踏實，所有一切。而我所需要做的，除了繼續自己喜歡的一些工作外，能將孩子教導好、雙方父母能侍奉好，能讓另一半無後顧之憂地在事業上打拼，互相扶持；這些曾被我不屑一顧的成就感，如今成了我最期望的人生。當然，與另一半之間的戀人關係，絕不能因為一張紙而改變，依舊是彼此最深的戀人。

回頭想想，其實內心是無比感謝的。感謝著無法不改變的關係，感謝著在人生某段落裡不得不轉換的角色，若沒有這一切的發生，我想，我不會拿起鍋鏟，在廚房自學著如何洗洗切切，感受到原來為家人料理是一件多麼幸福的事；甚至愛上了收集各式餐盤以及到跳蚤市場找尋各式復古家具的興趣。

謝謝你們在我人生的轉運站裡留下了最重要的一課，未來，無論在台灣、舊金山、聖荷西或是香港，即便只是轉機，我也會奮力到站，給你們我最感謝的擁抱。謝謝你們，我最親愛的朋友。

煙燻鮭魚水波蛋下午茶

Meal

即將啟程返回日夜所思的家鄉，不難過，絕對是騙人的。花了如此多的心力，從海關的小房間，到所有的每一步，原來，這就像是信任那般，需要花心力和長時間才能建立起，卻能在一夜之間全然瓦解。曾一次又一次，不斷、不斷地在慢跑時問自己，值得嗎？會後悔嗎？沒有答案。敲打著鍵盤上的每一個黑鍵，眼淚一顆顆掉下，每一顆，代表的意義都不同，太糾結、太複雜，傷人、被傷，沒有一個定數。當走過一遭，對人生的體會其實像是大躍進般，即便沒人能懂，也無所謂。

每個人都想證明自己多麼努力，但對於人生的定義每個人都不同，走過的路也不同，又怎能真的理解其他人心裡的煎熬。看著玻璃窗外的廣場，這是三年來自己口中的毫無氣質的邪惡大國，但我現在卻用力地想把這畫面印在腦海裡，拿起手機，拍了全景，拭去臉上的幾滴淚水，也只能這樣了。時間不會停下等著我復原，它依舊不斷地給我新的考驗，此刻，我無法確認自己是否能通過，每一次。但，我會用盡全力，度過我能睜開眼看見陽光的每一天。無論有人生多少虛無飄渺，都得握緊手心，在能望見的那日，歡樂今宵。

食材

Ingredients

1 顆甜黃椒
1 顆甜紅椒
1 條櫛瓜
2 顆雞蛋
1 顆酪梨
4 大片煙燻鮭魚
2 片起司片
2 片類瑪芬漢堡皮
數把生菜葉
適量黃芥末子醬
適量紅酒醋
少許白醋
少許鹽巴
少許百里香
少許羅勒葉
少許橄欖油

〔荷蘭醬材料〕
2 顆蛋黃
100 克奶油
半顆檸檬
少許海鹽

＊以上食材、調味用量皆可依個人喜好調整

PRESIDENT
200g
NiKO
HOT
CHILLI

a
b
c
d
e

f
g
h
i
j

步驟

Method

煙燻鮭魚一直是自己在選擇食材料理時的第一順位，而下午茶大多也都是自己獨享的時光，因此能做個水波蛋，絕對是在不疾不徐的時間裡，才能讓自己緩慢地完成。

每次在準備水波蛋前，我都先將荷蘭醬做好。荷蘭醬的作法比例有許多不同版本，依照自己喜歡的口感及口味調整即可。製作荷蘭醬，我會先用大平底鍋煮沸一鍋水，將兩顆蛋黃倒進大鐵盆中，加一些鹽巴和半顆檸檬汁（a）（b），放置在煮沸水的平底鍋上，以隔水加熱的方式，一起打散均勻（c）。將奶油放入微波爐融化後，一起加入剛剛打散均勻的蛋液中（d），繼續攪拌均勻，荷蘭醬即完成（e）。

將麵包放入烤箱烤約 10 分鐘，此時可先將甜紅、黃椒切丁，櫛瓜切片，放入一大碗中，淋上橄欖油及香料海鹽，稍微攪拌均勻，取出麵包後，將此大碗直接放入烤箱，烤約 25 分鐘（f）。同時另一邊也可將沙拉及半顆酪梨切丁一起備妥。

製作水波蛋，須先起一鍋沸水加白醋，水滾後，將蛋打在大深湯匙裡，轉小火，從一旁緩慢放入鍋中緩慢煮半熟（g），等待蛋白可凝固並包覆蛋黃時即可輕撈起，放置三層餐巾紙上，將水波蛋上多餘水分吸收乾淨（h）。此步驟，在我第一次做水波蛋時也失敗過三次，所以大家不要害怕會做錯或是失敗。建議可使用兩個大的深湯匙，一個要比另一個大一些，若是真的很害怕蛋白會散開的朋友，可利用緩慢煮熟的過程中，也可稍稍重複淋上熱水讓上方的蛋白凝固；動作請務必輕緩，否則蛋白會被熱水沖開，如此一來，蛋黃也就會跟著破裂失敗（多練習幾次就會熟悉技巧了）。

水波蛋做好後，基本上主食就已大功告成。只要在準備好的漢堡皮上抹上芥末子醬、起司片、幾片酪梨和煙燻鮭魚（i），最後放上水分吸收乾的水波蛋，淋上荷蘭醬（j），好吃又無敵飽足的下午茶就完成了。

今早緩慢地做了份早餐，按下咖啡機，先把鬆餅麵糊打好放在一旁，3 根甜椒、1/4 顆洋蔥和 2 條熱狗切丁一起炒軟，放於平底鍋裡維持熱度。剩下的 1/4 洋蔥切丁，加上玉米粒、蜂蜜芥茉醬和酪梨泥一起拌勻。此刻憶起某段文字：「人生天地間，唯賴一息以存焉，生存的關鍵則依賴飲食、男女，前者使一己之生命得以存活，後者使天地生命得以延續。」——《禮記》

香橙起司司康

Meal

最近時常翻閱著，剛來美國時老爸寄給我的一封短信。

信中寫著：「這兩天我在舊筆記本上，看到我以前寫的一段話頗有感受，舊筆記本上這樣寫著『富有不等於幸福，但幸福絕對富有。曾經，為了追尋財富，犧牲了參與孩子成長的幸福；曾經，為了追尋名片上的頭銜，卻忽略了另一半默默付出的辛苦。人生過了大半，現在才發現，真正的富有，不是存摺上的數字，而是和女兒聚會聊天，陪著老婆散散步。五十歲以前的人生，給了事業；五十歲以後的人生，該留一些給自己和家人。』以上與妳分享老爸的感受。」

食材

Ingredients

2 杯中筋麵粉

1/3 杯細砂糖

1 顆柳橙皮（切碎）

1/2 杯鮮奶

適量奶油（切丁）

適量鮮奶油

適量莓果果醬

＊以上食材、調味用量皆可依個人喜好調整

SYLT
IKEA FOOD
Hazelnut Dessert
NESPRESSO

a
b

c
d
e
f
g

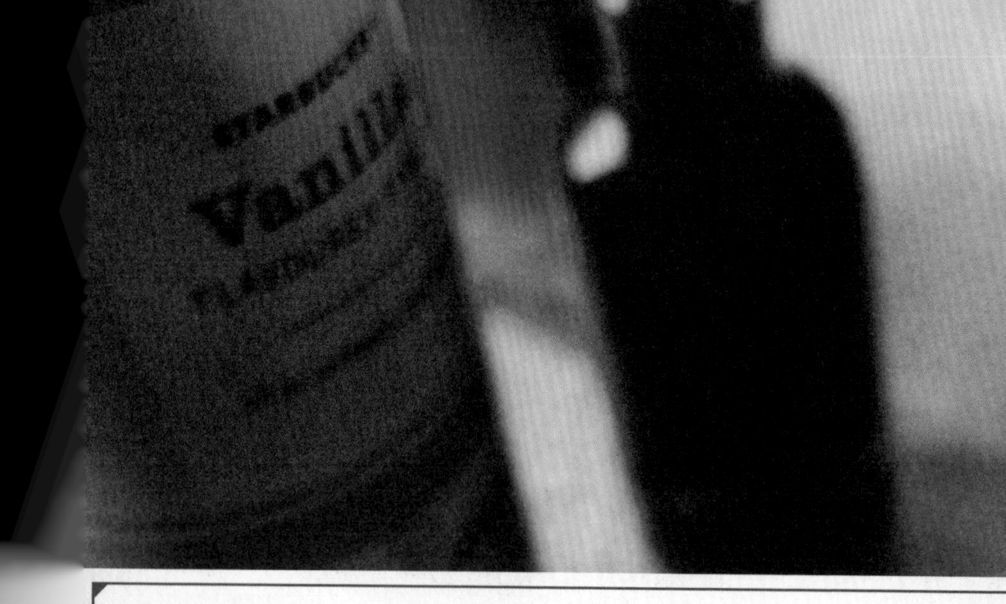

步驟

Method

將柳橙皮切細末備用（a）。預熱烤箱 180 度，將麵粉、糖、橙果皮混合均勻（b），加入奶油丁，用指尖慢慢搓揉，將麵粉搓揉至粗砂質礫的感覺即可（c）。在麵粉中央畫出一個凹槽，緩慢倒入鮮奶（d），用奶油刮刀以一圈一圈的方式緩慢向內混合均勻（e）。混合均勻後確認麵糰黏性是否太濕，可再加入一些麵粉調整（f）。將麵糰揉至 2 ～ 2.5 公分厚度，用圓形鐵圈切出幾個放置烤盤上（g）。烘焙紙抹上些奶油（若是和我一樣使用的是可一直重複使用的環保式烘焙紙就不需要此步驟），全部放上烤盤後，刷上蛋汁，送入烤箱約 15 ～ 20 分鐘就完成了（送入烤箱的時間需視各家使用的烤箱大小及強度做調整）。

灣岸路線IV

閒暇午後

Universal Café

空間不大卻始終座無虛席的長型用餐空間，落地窗灑進的自然光，如同在一座美麗的溫室中那樣浪漫。

Add	2814 19th St San Francisco, CA 94110

Heath Ceramics

最喜愛的陶瓷器家居品牌，座落於稍偏僻的 18 街上，完全開放式的視覺空間及灣區最大陳列空間，令人無法抗拒。

Add	2900 18th St San Francisco, CA 94110（b/t Alabama St & Florida St in Mission Get Directions）

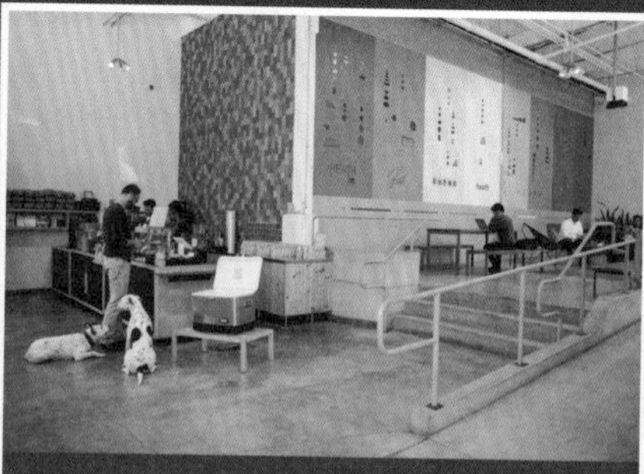

Blue Buttle

與 Heath 一同經營的合作空間，左右品排相互呼應，靛藍、橘紅、灰白各色漸層設計，讓藍瓶子的空間又多了層輕巧的優雅。

Add	Heath Ceramics 2900 18th St San Francisco, CA 94110

Fillmore

緩坡道的精品商街，人們總是自在閒晃，拿起相機，便能捕捉大方展開臂膀微笑的人們，更能在週末享受席地而坐的音樂季。

Add	Fillmore St San Francisco, CA 94115

Farley's Café

視覺小小挑高的咖啡廳，店裡陳設了許多不同雜誌的販售與翻閱，窗邊外推的座位，是觀察往來行人最佳的位置。

Add	1315 18th St San Francisco, CA 94107

Pegasus Bookstore

藍色的大門，村上春樹的櫥窗，書店內的童書區擺放著小巧可愛的木斑馬，後方是尋找黑膠、唱片的小區域。

Add	2349 Shattuck Ave, Berkeley, CA 94704

Jupiter Dinner

柏克萊市中心裡最好吃的 Pizza 店，在店內後方的戶外花園與暖陽一起用餐，絕對是吸引人們前往用餐的主因之一。

Add	2181 Shattuck Ave Berkeley, CA 94704（at Allston Way in Downtown Berkeley）

Saturday & Sunday

運動、放懶、採買交錯更替的忙碌。

星期六是上班族偷閒賴床的好時光，對我而言，星期六是個緩慢卻又帶點忙碌的日子。

一早起身便趕往瑜珈教室，匆匆著衣出門，繞到麥當勞吃最愛的六號餐，薯餅依舊過油而被扔至一旁。前往途中，想著中午下課後的行程，是要開車去湖邊騎腳踏車、散步，還是找間咖啡廳窩一下午；滑過手機，看看S.F或San Jose有否想參與的藝文活動，時間足夠的話，回家更衣後便趕緊前往。

有時，週六的行程會和禮拜天交換執行。

兩天當中，總會挑個不趕外出的時間做份早午餐，計畫下週需要補充糧食或生活用品的採買路線，一趟來去也得花上兩、三個小時。週六、日的行程也會因為鄰近幾個不同的農夫市集而交替安排。

晚餐，通常隨性。夏日最愛的晚餐是自製生魚片丼飯，而冬日最常端上餐桌的則是湯湯水水的鍋類，特別是省時方便的小肥羊鍋底，茼蒿是一定要有的。每週六、日的結束總是帶點憂愁，也說不上個真正情緒，但飛快的時間總是讓人有些措手不及。

DOGGIE DINER
Espresso,
Coffee &
Pastries

自己的旋律

Step Sixteen

在台灣開車時，總習慣聽著ICRT，或是那陣子不斷重複播放的某首歌，那是一種對於紀錄平淡日子的方式，有深、有淺，都是靠著這些旋律拼湊這些年來所有重要的記憶點。清楚地記得，離開台灣的那年，整年度最暢銷火紅的歌曲非 Bruno Mars 的〈Just the way you are〉莫屬。飛往舊金山的前兩週才從公司辦妥離職程序，九月十六日啟程，這日子永遠無法忘卻。那時心裡有些不安，倒是爸媽像是嫁女兒般，感到欣喜、欣慰，而我至今亦從沒讓他們發現，那時自己對於要到異國生活並沒有太多興奮和期待，而是憂愁，但我總偽裝得很好，用他們以為的快樂激昂語氣，藏匿心虛的淡然和恐懼。

〈Rocketeer（feat. Ryan Tedder of OneRepublic）〉是抵達舊金山後的第一首記憶，坐在副駕駛聽著這首歌時，是個晴朗的週末。當時尚未自學料理，驅車到家裡附近的傳統美式早餐店吃 Brunch，車上廣播電台恰好播放這首歌，自此，到隔年葛萊美頒獎前，這首歌和起飛前的〈Just the way you are〉，幾乎佔滿了二〇一一整年度的耳膜頻率。

二〇一三年始，我設定了養成運動的習慣。一開始在健身房騎飛輪和滑步機時，那時iPhone 裡播放的是 MP 魔幻力量和郭采潔合唱的〈專屬魔力〉，除了節奏夠快也夠甜蜜，運動時讓人有慷慨激昂又振奮的感覺。同年七月，是轉至公路慢跑的開始。每次練跑中，緩慢紀錄著自己慢跑時的步伐節奏，第一首被選中的歌曲是 Glee 的〈Teenage Dream〉。這首歌除了讓自己調整到最適合的步伐外，更從中醞釀出許多未知的計畫和人生，清晰地思考透徹，真實的自己到底是什麼模樣。倘若我能從一個完全不運動的人，直到跑完整趟馬拉松，那麼，真實的我並沒有改變，對於目標的毅力和堅持，依舊。我並沒有因為身處異鄉而消去了原有的企圖心；也沒有因為可能即將改變的身份而願意就此放棄自己想要的人生。

二〇一三年底，某天買了張電影票，雖然有些擔心美國電影院沒有字幕的狀態，自己能否完全看懂內容，但還是進場了。Joaquin Phoenix 主演的《雲端情人》（Her），預告裡有 Arcade Fire 的〈Supersymmetry〉。這首歌陪伴了我跨過二〇一三年到二〇一四年的那兩個月。記憶最深的畫面並不是男主角拿著 iOS 繞圈飛舞的人工熱戀畫面，也非 Joaquin Phoenix 穿著紅襯衫在沙灘上漫步行走的畫面；而是一幕他身處在未來洛杉磯的城市裡。那幕，有些虛幻，但又真實；像極了當時的自己。對我來說，這部電影是極真實的社會感情型態，非常真切且討喜。

二〇一四年是白熱化的一年。這年的方向像醞釀一整年後的結論，堅毅、不動搖。前一年底便已決定本書去向，返美時間也稍稍開始準備，可依舊不敵人生重大決定的影響，心情時起時落，毫無章序可言。記得四月返台，是為了釋放當時對於人生抉擇的壓力；六月返美後便立即做了決定。那晚，陪我留下人生抹不去的記憶點的是李榮浩的〈模特〉。那時的自己，想著，是否能繼續在這看似華麗的櫥窗裡繼續任由擺放，又或希望自己能像小木偶般，誠實面對內心不斷反覆的質疑。那是令我無法再去回想的一晚。

確定了回台的時間，留在舊金山是為了一個不在預期中的工作，讓人有些期待。記得那八個工作天，每日早出晚歸，清晨從二八〇號公路接往第九街那段路，我總會播放著 Pharrell Williams 的〈Happy〉，像是進城工作的雀躍感，內心默默祈禱著，希望今天的工作能順利完成。感謝這幾日的工作，因而看到了更多不同樣貌的舊金山。這是離開前對我最重要的記憶，是快樂的。

音樂對我而言，是非常重要的。在舊金山的日子，我最常戴著耳機到處亂走亂晃，充滿嬉皮塗鴉的 Haight St.、街上滿是咖啡廳的 Valencia St.，聽著熟悉的語言、望向天空，早已忘了腦海中閃過多少次：「我們看到的天空會是同樣的藍嗎？我們看到的太陽是同一個吧！它是否剛從你們那繞向我這兒？」

我想，是吧。

泰式紅咖哩牛肉細麵

Meal

不知怎麼六月好像過得飛快，除了自己恢復了電力，心境和想法上的轉變也和以往有頗大的不同。前天自己才有感而發文：「自從旅行回來後，發現自己開始不再眷戀任何從前所謂功成名就的成就感，或是期待著每日庸庸碌碌忙不停歇的生活。對於現狀依舊覺得一定能再更好，但也漸漸滿足於現在小小生活帶來的平凡幸福和快樂。若一次的旅行能讓人有如此大的轉變，那也許多來幾趟會有更意想不到的效果也說不定。」

也許在一些人看來，那不過就是把人生目標轉成玩樂 mode，但對我來說，可是花了我截至目前將近一年半的時間及用盡全力才能稍稍轉變的想法。想想過去的自己，總是期待著工作帶來的成就感，期望每天都能快快樂樂地跑客戶、接訂單，深怕自己有一刻是閒下來的。但、現在，我開始慢慢喜歡這樣的生活，有工作就接（畢竟熱愛工作的成分始終不會完全消失），沒工作時就看看自己的書、學自己一直想學的新事物，特別是每天上網都有看不完的新世界，這點真的是人生永無止境的學習。

想著、想著，突然想到了爸爸曾說對我說過的一些話，也突然想到，爸爸曾在無意間脫口說出：「妳媽媽最喜歡吃的就是泰式料理。」說實話，自己有些意外，因為媽媽最喜歡的料理是泰式料理這件事，其實完全不在我的任何記憶裡。因為這樣的想念，決定要來醃些香料牛肉，來做道泰式料理想念媽媽一下。

食材 約 2 人份

Ingredients

2 份細麵
1 顆青椒切絲
1 顆甜紅椒切絲
1 顆甜黃椒切絲
1 杯鮮奶
1 瓶罐裝椰奶
1 碗雞高湯
3 大匙紅咖哩醬
約 20 塊牛腩肉
少許橄欖油
少許海鹽
少許奶油

＊以上食材、調味用量皆可依個人喜好調整

BULL'S-EYE
B·B·Q SAUCE
KANSAS CITY
WHOLE SPICE
NAPA VALLEY
Herbes de Provence
Salt
Net Wt. 2.5 oz

a
b
c

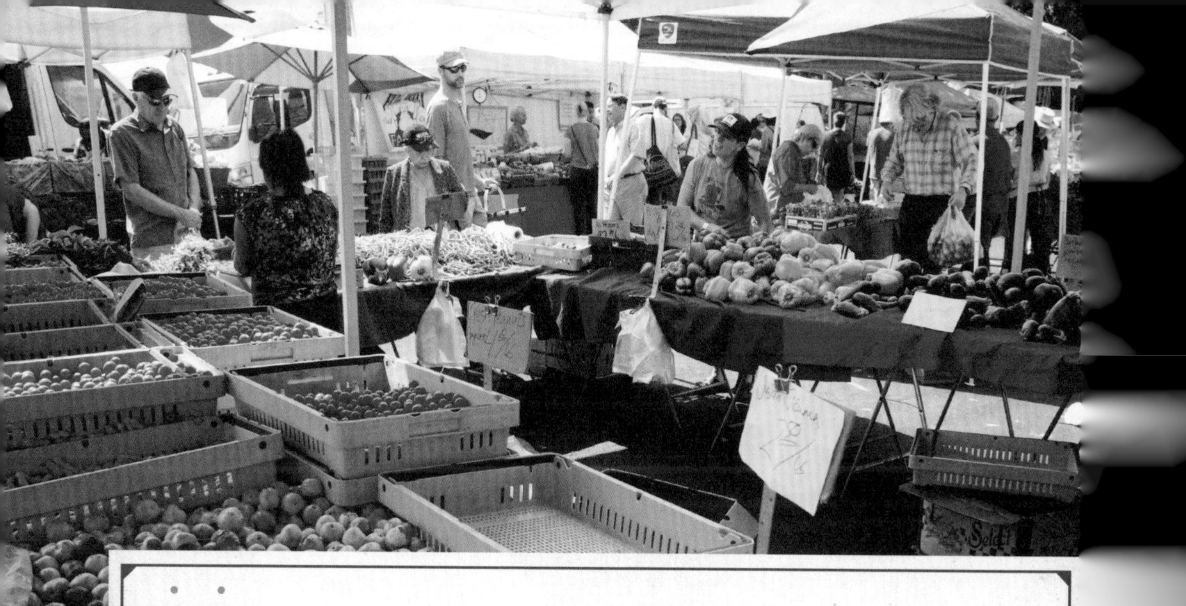

步驟

Method

因為前一晚嘴饞已久泰式牛肉紅咖哩細麵，所以隔天早晨一醒來，便立刻前往超市買食材。先將平底鍋放上奶油開中小火加熱，讓奶油稍稍融化，之後放入牛腩塊轉大火稍微煎一下牛肉表面後取出備用（a）（煎牛肉的時間不需太久，只需要表面成熟色，鎖住肉汁水分即可）。

接著用取出牛肉後所剩餘的油，將青紅黃椒炒香，倒入一整瓶椰奶、一些鮮奶和一碗雞高湯，最後放入剛煎好的牛肉，並加入 2、3 匙微辣紅咖哩，稍微燉煮個十來分鐘就完成了（b）。在燉煮的過程中，可起一鍋滾水，加入些海鹽及橄欖油（可防止細麵太過乾黏，也可先行稍作調味），待水滾後放入細麵煮滾，撈起後放上牛肉、蔬菜並淋上已煮滾入味的香濃椰奶醬汁，最後還可加些巴西利葉或香菜做調味，簡單的家常紅咖哩細麵就能輕鬆完成了。

咖啡酒焦糖布丁

Meal

某次受邀試做焦糖布丁，那次印象極好，因此又多了道可在家做的甜點。因自己很愛做什麼甜點都加點咖啡酒，所以日後的布丁都小小調整成自己喜歡吃的咖啡酒口味，加了點咖啡酒的焦糖布丁真的讓我每次都愛不釋口地一次就吃兩、三個。第一次做布丁時，因為做甜點經驗很少的我，還是先上網 Google 了些其他煮婦或媽媽們的實戰經驗，以降低自己烤布丁時會失敗的風險。果然，功課有作足，一次就能達陣。

食材

Ingredients

〔焦糖液材料〕

1/2 杯細砂糖

半杯冷開水（約 40 克）

〔牛奶蛋液材料〕

6 顆全蛋

3 又 1/2 杯鮮奶（建議全脂）

1/2 杯動物性鮮奶油

1/2 杯細砂糖

2 大匙咖啡酒

1/2 小匙香草精

＊以上食材、調味用量皆可依個人喜好調整

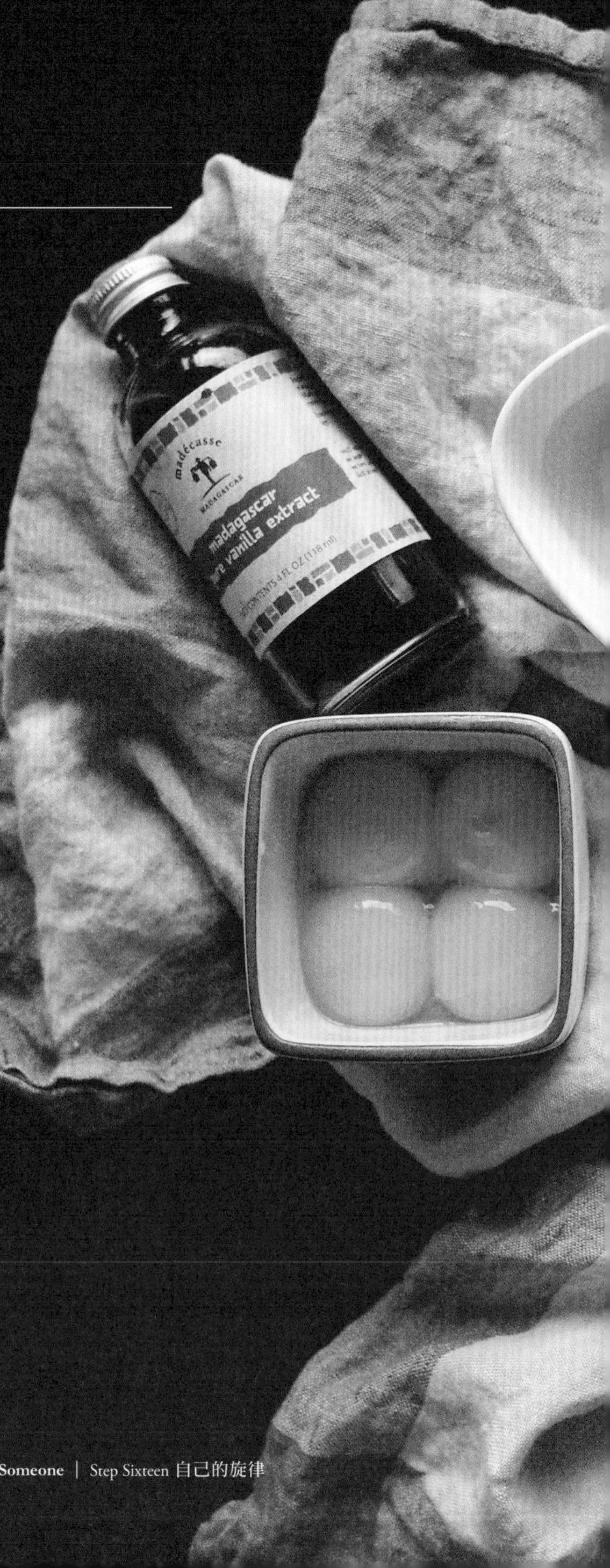

a
b
c
d
Crate&Barrel

步驟

Method

一開始先做焦糖的部分。將細砂糖和水倒入鍋中加熱，過程中先不要攪拌，讓其開始滾至比一般焦糖色再淺一點時，就要先離火起鍋（a），因為鍋子的餘溫還會持續讓焦糖持續滾一會兒，太慢離火的話，餘溫很快就會讓焦糖立刻呈現深咖啡色（過焦），接著，一陣燒焦味就會立刻撲鼻而來，這鍋焦糖就無法使用了（這步驟一定要注意）。

起鍋的焦糖，要趁還呈現非常液態狀時，趕緊倒入備好的容器中，一旦溫度降低，焦糖馬上就會凝固，而且非常非常難清理。因此，非常不建議大家因為貪心就倒非常厚的一層焦糖在容器底部，因為等要吃的時候，會發現非常難完全脫膜倒出。

接著製作布丁的部分。一開始先把蛋打散（但不要打至起泡）備用（b）。將鮮奶、動物性鮮奶油、細砂糖都倒入方才煮焦糖的鍋子裡（用原鍋去煮布丁液體的部分，也就不會浪費才還在鍋中的焦糖），小火加熱至糖全部融化（c）。糖融化後緩慢倒入方才打散的蛋液，此時同時將咖啡酒及香草精一併邊攪拌邊倒入，攪拌均勻後用過濾網過濾 1 ～ 2 次，可將未完全溶解的糖或沒攪拌均勻的蛋液過濾出來。如此，布丁體就可以開始細緻地倒入容器裡。

烤箱攝氏 160 度預熱 10 分鐘，將布丁倒入已裝焦糖的杯皿中，送進烤箱前，記得要先用鋁箔紙將每個容器口緊緊密封起來，在烤盤上加入滾水，約烤盤一半滿，烤約 30 分鐘（仍須視各家烤箱大小及熱度調整時間）（d），即完成。

一直以來，這道點心我最喜歡的依舊是煮焦糖的部分。記得第一次煮焦糖時，以為就是要深咖啡色才是香濃好吃，沒想到，第一次就把焦糖給煮焦了。而且當小火開始將細砂糖煮成白泡泡時，內心一直懷疑是否真的會像大家說的那樣，白砂糖可以煮成焦糖色嗎？用木湯匙攪拌攪拌著，終於在十多分鐘後好像有點開始變色，慢慢地，泡泡下的糖水越來越濃稠，顏色也越來越深，也想著要煮得稍微偏苦一點點，結果就因此失敗了。但這次的經驗，也讓我之後煮焦糖的技術及時間控管得越來越好，且再也沒有失敗過囉。

飲食文化的微妙距離

Step Seventeen

對我而言，東西方飲食文化的差異，若要用形體來區分，大概就是筷子與叉子的分別，又或著說是長桌與圓桌的差異；而我喜歡的，一直都是長桌。記得小時候，時常聽到長輩說：「餐桌就是要圓的，這樣才能全家團圓，一切圓圓滿滿。」但那時年幼的我，只覺得圓桌並不那麼好看，若是再坐得擁擠些，那麼手肘依著手肘也難以動作，因此，內心沒說出口的其實是，以後家裡一定要是長桌，八人坐的那種。如今，已是。

在國外的日子，飲食與烹飪的文化差異上，最不能適應的是外國人大多習慣使用電爐而非瓦斯爐。一般來說，美國人的料理方式不像台式一般，需要大火快炒或烹調，因此，家中即便裝有抽油煙機，其功能及作用也極小。

開始學習料理之後，漸漸發現，中式飲食裡其實有百千樣的各式調味料，特別是外國人無法欣賞且懂得其重要性的「醬油」，如同印度香料亦有上百種風味，紅橙黃各色都不同，能混合調味出的辛香辣也不同。相較之下，西方文化的調味則少上許多。西方食譜或是一般家庭，其所使用的大多是簡單的海鹽、胡椒和一些香草植物，調味非常簡單，開胃菜也以冷盤及沙拉居多。

漸漸地，待的時間越久，越來越不能適應的便是馬鈴薯。在美國的主食裡，大多以麵食及馬鈴薯為主，無論是早午餐、點心、下午茶或晚餐，任何時刻，都能出現馬鈴薯泥、薯條、薯餅或馬鈴薯塊這幾樣玩意兒，實在令我有些害怕。也許是自己對馬鈴薯沒有特別偏好（但我愛台灣番薯，梅乾薯條好好吃）甚至因為不喜口感，時常難以下嚥。只有位在舊金山 Plow 的早午餐，擁有著目前唯一能讓我全部吃光的馬鈴薯塊，外層有些脆皮的口感，入口還帶些香草海鹽鹹味，唯獨這樣的做法能完全收買我的味蕾，記憶極好。

在觀察、體會東西方飲食文化異同的過程中，有天發現一項有趣的事情是，無論在餐廳或在家料理，外國人（中日韓等亞洲國家以外）是無法烹調一整隻完整的「魚」的。一般來說，他們多半只會從超市購買已將魚身切片好或是已把魚頭除去的魚身，不像華人超市還擺放了如同台灣熱炒店外的水族箱，看著魚兒游來游去，還能鎮定挑選等會兒要請老闆撈起的今晚食材。

然而，我卻最不喜歡在美國吃所謂的「台灣小吃」。在北加州或南加州，許多台灣各式小吃餐廳常打著「Ma Ma Chef（媽媽家）」或是陳媽媽或梁媽媽之類店名的招牌，但與真正的台灣小吃程度相距甚遠。小吃對於台灣或亞洲國家，是非常重要的一項飲食指標，那代表著我們對於家鄉的思念，特別是夜市；因此，觀光客來到台灣，夜市便順理成章成為必訪的觀光景點，因為那是台灣特有文化，更是保留許多傳統美食的深刻回憶。而在西岸的我，唯一能想到且可與台灣夜市並論的，大概也只有IN-N-OUT了。

在每一種文化適應裡，飲食往往是最直接且擁有最深刻反應的部分，「民以食為天」或許是舉世通用的準則，一旦遇到了飲食和料理的問題，我們總是會傳遞真實的想法：好不好吃？能不能接受？……因而那將會是一段彼此學習相處的長期作戰，直到學會共處之後，亦能發現那種多元融合的關係，極為美好。

或許長桌無法代表台灣文化的團圓、圓滿，但對我而言，長桌無限延伸的優雅感，才是生活裡真正所需要的氣息。因此，未來家中放置一張長長的八人座木長桌，是一定要的，因為，那是全家人的重心，更是讓家人團聚在一起的核心基地。

培根鳳梨蜜汁洋蔥圈

Meal

想試做這道創意料理，其實是前幾天在 Instagram 上看到我的甜點啟蒙大廚 Jessica 的新嘗試，讓我忍不住自己動手做了起來，而自己試做的版本是用鳳梨加上蜂蜜的改良版。

食材

Ingredients

1 整包市售培根
1 顆洋蔥
1 罐鳳梨罐頭
適量蜂蜜
適量是拉差醬（Sriracha）
少許牙籤

＊以上食材、調味用量皆可依個人喜好調整

Serving Suggestion
WITH A
KEEP REFRIGERATED
MILD
12 OZ. (340g)

a
b
c
d

步驟

Method

一開始將洋蔥切成一吋厚的圈圈，大圈的繞成兩圈，小圈的就直接用兩個，因為這樣的厚度之後會比較好固定（a）。在洋蔥內層抹上些是拉差醬或 Tabasco，裹住洋蔥的培根內側抹上蜂蜜，之後兩側用牙籤固定好，接著在中間牙籤兩內側塞進鳳梨（b）。烤箱 200 度預熱，送進烤箱後烤 25 分鐘左右，超好吃的培根鳳梨蜜汁洋蔥圈就完成了（c）（記得烤網下要放托盤盛裝滴下來的多餘油脂）（d）。

試做之後的某個下午，我又重新製作了一次，這回烤得比較久，希望把培根油脂烤瀝乾淨且酥脆些，並且在出爐 1 ～ 2 小時後發現，個人還蠻喜歡這款稍微放涼後的口感。除了有鳳梨和蜂蜜的微酸甜，化去了培根可能在口中咀嚼出的油膩感，冷掉的口感更是出乎意料地好吃。在炎熱的夏日午後，這就成了道超適合搭配冰涼啤酒的下酒好菜。

家常生魚片丼飯

Meal

本週有感而發的內心謎之音：「無論是父母、子女、兄弟姊妹、朋友、夫妻，都應當保持一定的距離和自我空間，因為『零距離』的關係永遠都是造成彼此關係『窒息』的最重要因素。」保持距離，才能維持所謂的美感；零距離的關係，只會壓得讓人想急速逃離。

三十歲，比起二十多歲時又更常且喜歡觀察自己的一些枝微末節，以及個性和突發事態的想法、做法，赫然發現，不喜人多熱鬧、甚喜孤僻的遺傳基因隨年紀增長越發強大。反觀來看，自己與父母內心的交集幾乎零距，完全能以好朋友那般有些沒大沒小的說話模式溝通著。他們總讓我和妹妹擁有實質上最大的自由空間，也或許是因為如此，才能和他們一直都像好朋友般的掏心掏肺，從不害怕或畏懼他們了解我所有的生活小事。這是我對自己的期許，期許未來也要用同樣態度和方式面對及教育我的孩子，既使很難，也要努力學習。

食材

Ingredients

1 塊旗魚
4 小塊鮭魚
1 小碗魚卵
2 碗白米飯
半片鯛魚片
適量壽司醋
適量醬油
適量哇沙米

＊以上食材、調味用量皆可依個人喜好調整

お多福
寿し酢
酒どころの
おいしい水で仕込んだ
手巻き寿し・酢の物に

a
b
寿し酢
c

步驟

Method

把米洗淨，不做浸泡的動作，直接蒸煮至熟後小悶約 10 分鐘。趁著在烹煮白米時，將所有魚肉切成小碎塊（a），備用。等待白米烹煮的時間，先將備妥的魚肉及魚卵包好保鮮膜放入冷藏備用（b），並備妥的魚卵及生魚片（c）。白米開鍋後便立即勺入備好的竹木桶中，趁熱立刻淋上壽司醋，用尖爪的勺子及飯切的方式將白飯和壽司醋一起拌勻。最後只要將備好的生魚片小塊小塊地鋪在白米飯上，中間再放上魚卵即完成。

食用時，用一湯匙、一湯匙的方式，一邊吃一邊淋上醬油和哇沙米攪拌，不夠再繼續。吃散壽司時，我習慣在白飯一盛出後，立刻鋪上魚肉食用，因此時的飯會變得溫熱，和醬油、哇沙米一起拌勻，非常溫潤好吃，若能加上一些綠色醃漬醬菜就更完美了。小小題外話，做這道料理時，我通常不會選用糯米，而是用我最喜歡的月光米，光是烹煮好白米開鍋那剎那，米飯香就足夠使人銷魂了。

一個人的美麗孤獨

Step Eighteen

看著手腕上的那只錶，遮陽板前陽光甚烈，戴著墨鏡，眼前的九曲花街細緻得有些不真實，街廓高低起伏如跑馬燈般閃跳著。望向右手邊的海洋，湛藍得令人有些想念七、八千哩外那熟悉的島嶼海岸公路，那年暑假，一個人開著車，從新竹一路往南，沒有停留的折返點，日落前的鵝鑾鼻燈塔，帶著七千多公里外的氣流，早已忘卻了當時腦中想念之人。如今，三點多公里長的紅色金門大橋，倘若慢跑折返全程約需二十五分鐘，那是一個人的擺動。那年的折返，亦僅需四個多鐘頭，那是一個人的想念。

開車對我而言是最快樂的事，特別是一個人。曾有人告訴我，一個人是孤獨的。但我卻如此眷戀，每趟一個人的時光，因為那是帶給我最多深刻回憶的方式，是一個人，是快樂的。

記得十八歲那年拿到駕照的隔天，爸爸便坐在新車副駕帶著我到人塞車湧的西門町繞上幾圈，自此爾後，任何大街小巷無一讓我感到驚慌害怕，這是開車給我的第一印象，原來可以如此瀟灑。

記得到美國前，長住國外的叔叔阿姨們熱心地告知，在美國一定要會開車，否則無法獨立生活，事實如此。抵美後，開車習慣雖有些改變，但依舊享受自己能獨自驅車外出的每一刻，那是無人觸碰的私密空間，只有自己眼裡對映著的所有畫面。最可惜的仍舊是，美國地大如星空遼闊，有時仍會擔心是否行走在可遊走的邊緣，如同當下情緒。

在美國生活的日子，總會在隔週週間，選擇一日，早早起身，梳洗完畢便開著車先到我最愛的麥當勞早餐買份六號餐，接著便可從一旁接上二八〇號高速公路。這段路程不甚特別，大多思索著當日的行程時間是否能銜接得好。在接上第九街之前，儀表板的氣溫已明顯下降八至十度，將車窗稍稍開個縫，把手掌伸到窗外，體感溫度大致底定。那是擬定當日心情的某個分界。

從位處灣岸郊區的 San Jose 開車至 San Francisco 的路程，對我來說，是一趟極其放鬆且專屬自己的時光。直至此刻，始終無法向自己解釋，並沒有特別鍾情金門大橋的我，為何總是堅持每趟都要親自開往橋的另一端，或許是每一次行經都有不同感受，有時快樂、有時悲傷、有時想念……當下究竟是怎樣的自己，答案總會在風景流逝的路途中，不斷顯現。那是一段快樂而自在的對話過程。

在金門大橋的另一端是個悠閒小鎮 Sausalito，幾近純白人的區域，時常僅佔旅遊書一頁，甚或不曾出現。這安靜的小鎮，是我的第二個秘密基地，這兒有著很照顧我的佳君姊全家，因為有她，才能勇敢在這兒生活；因為有她，才能知道許多好吃好玩的好康消息；因為有她，也才能勇敢在異鄉做出人生的重要決定。總想說聲謝謝她每次的鼓舞，讓我在無助時，有個能吐露心事的朋友。

回想著，無論在何地開車，獨自一人的時候都是快樂且平靜的。猶記返台前的幾個工作日，連續七、八日早出晚歸，往返路途總和約莫兩小時。清晨盥洗出門，期待著那日的交談互動，車速串流如期待且興奮的血液，直奔那方。幾趟舟車勞頓，返家間早潛入夜幕低垂之際，高速公路黯然無燈，想著返回到那十坪的熟悉空間裡，卻感受到比一個人開車更強烈的孤寂。那是心裡最深的孤單，很深、很久。

那天夜裡，從不能換氣的魚缸裡傳來無法自在遨遊的訊息，行車間的孤獨感似乎加了些許溫度，那時雖不足以暖至脾心，如今卻隱隱藏匿心底。如同在某趟旅程中，將彼間各自的快樂和孤獨融合成一起的記憶，而在那無法換氣的魚缸裡，一起存置心安。這是舊金山最後且最深的記憶，無法竊取。

薰衣草迷迭香培根起司漢堡肉

Meal

漢堡肉是我初學時的第一道料理。在這幾年做了好幾回後，決定要開始嘗試各種不同口味的漢堡肉，以便日後應付各種場合或假日窩在家烹煮時，可隨機應變的基本菜色之一。這次新研發改良版的薰衣草迷迭香起司漢堡肉，在製作成漢堡時與培根的香味出乎意外地非常 match，嗅覺和味覺中還因這培根味，讓人想起美而美的起司培根蛋的香味，也算是個美麗的意外。

食材

Ingredients

〔漢堡肉材料〕（厚約 1~1.5cm 手掌大，約 20~24 人份）

1.5 磅牛絞肉

1 磅豬絞肉

1 顆洋蔥

1/2 杯鮮奶（視情況增減）

適量薰衣草香料海鹽

適量黑胡椒

適量起司條

適量麵包粉（可備 50 ～ 100 克，視情況增減）

〔早午餐材料〕

1/2 顆酪梨

1/2 顆蜜桃

2 條辣味豚肉小熱狗

2 片鳳梨（罐頭裝）

2 條培根

1 片番茄

1 顆無花果

適量優格

適量綜合生菜

適量葡萄堅果燕麥

＊以上食材、調味用量皆可依個人喜好調整

a
b
c
d
e

步驟

Method

洋蔥切末炒到透明，放涼備用（a）。將牛絞肉和豬絞肉灑上海鹽用手捏勻，增加肉質的一點黏性（b）。通常牛和豬的比例大約抓 7：3，豬太多太油，牛太多太乾，就看個人口味，自己喜歡就好（c）。將麵包粉加入鮮奶吸飽，和放涼的洋蔥、雞蛋和起司條，一起放入剛抓好的牛絞肉裡，用手直接抓勻即可（d）。在烤網或盤子抹點油，挖一球約兩個手掌可握住的絞肉大小，先在手上做球型、壓平，並拍打出絞肉裡的空氣，這樣在煎的時候才不會因此而散開（e）。如此一來，可放在冷凍隨時食用的漢堡肉就製作完成了。

這次做了大約二十四份左右，每一份漢堡肉都厚得很紮實，各約 1 ～ 1.5 公分左右，多做的部分會先將漢堡肉中間壓凹一個洞，因為在煎肉過程中，漢堡肉的中間會膨起來（也是最難煎熟的部分），特別是肉做得比較厚且紮實的話，這點就非常需要注意。把中間壓鬆凹陷後，先直接把漢堡肉連同烤網一起送進冷凍庫定型，差不多成型後再取出，整齊放至密封夾鏈袋裡，這樣一來，隨時都有好吃的漢堡肉吃了（如果肉真的做的有點厚，請用中偏小火慢煎，以防中間的肉沒熟透）。

有人會有疑慮，裡面放起司條在煎的時候會不會沾鍋之類的？我原本也有點擔心，後來實際上鍋後發現完全沒有問題。只要在製作時壓得夠緊密，基本上外層肉汁就能封住起司融化後的狀態，不大會沾鍋。這次特地用薰衣草香料海鹽來做，香料味道其實在煎過後是一定會被肉香蓋掉，如果薰衣草的比例高一點（我有嘗試有幾份這樣做），吃起來還是會有點淡淡的味道，特別是在咀嚼到小顆香料時。雖然這次用的是海鹽，概念上來說應該會比較鹹，但為了能搭配各式蘑菇醬、番茄醬和其他做法，因此用量有刻意減少，所以食用時的味道就是非常單純的淡淡肉香中帶著一些些起司香，沾點自己喜歡的醬料，就更完美了。

香蒜檸檬番茄義大利麵疙瘩

Meal

最近看了很多書，寫了很多字，看了很多電影，聽了很多音樂，更想了很多關於自己的未來。恢復了慢跑也回復了之前在台灣的瑜珈生活，一切的一切，終於開始步入自己緩慢的計畫中。我無法告知任何人我內心真正的想法及未來即將展開的人生（當然除了自己夠親信的人之外）。

也許，我已經恢復到了自己認為「正常的我」的狀態，就像前些日子做了個朋友給的好玩心理測驗，測驗裡頭，自己選定自己的模樣，我的答案是：「貓」。貓的解答是：「神秘，捉摸不定的人。忠於自己的步調，崇尚自由，不喜歡受束縛，而且非常自我，對很多事都抱持著既定的想法。」

是啊，我就是個坦白奇怪又矛盾的個體，無關於人生的哪個階段，我就是我，無法不坦然面對自己內心最真實的渴望。也因此，昨天慢跑時內心不斷反覆思考著關於這一年及下一年我會有的轉變，莫名地內心一直出現「自我修復」的四個字，想著想，其實這的確是現在或今年自己最必要完成的事。

食材

Ingredients

2/3 碗番茄汁

1/3 碗番茄蒜味義大利醬

1 盒市售義大利麵疙瘩

1 盒市售蘑菇（約 15 朵）

1 顆洋蔥切碎

6 顆大顆去皮番茄粒

15 瓣大蒜切片

約手掌一整把羅勒葉或九層塔

適量橄欖油

適量起司粉

適量香料海鹽

少許黑胡椒粉

少許白酒

少許 Tabasco

少許乾辣椒片

少許檸檬汁

兩鍋冷白開水

＊以上食材、調味用量皆可依個人喜好調整

NiKO
50g / 1.8 OZ
HOT
CHILLI
SWEET BASIL

a
b
d
c

e
f
g
h

步驟

Method

在最需要被自己慰藉的日常裡，最方便取得且最簡單感到幸福的料理，其中一道便是義大利麵。無論青醬、白醬或紅醬，幾乎沒有我不喜歡的。青醬和白醬我最喜歡拿來做燉飯，而紅醬我則喜歡拿來做義大利麵。這天剛過春分，隔著幾株香草植物的窗台外，凍得有些不像話，室內開著暖氣，外頭雲層灰暗地，有點低，望遠些，就像要觸碰到屋頂的棉花糖，只是，看來有些陰鬱。

打開廚櫃，義大利麵條都已用盡，僅剩最上層層板上那包 De Cecco 麵疙瘩。拿了只木把手白琺瑯鍋，滾半鍋水，加進些許橄欖油及海鹽（a），放進麵疙瘩，為了保持麵疙瘩的 Q 彈及自己較喜好稍微硬一些的麵條口感，約莫煮個 3 ～ 5 分鐘即可（b）。煮滾後，撈起放進一旁的白開水放置一分鐘，再換至另一鍋冷開水中備用。

將大蒜及洋蔥切碎，蘑菇切片，備用（c）。取一中型稍深平底鍋，將切蒜片及洋蔥末一起放入，淋上些橄欖油炒香（d）。約莫炒至洋蔥透明且嗆味稍出（e），即可將蘑菇片全部放入一起拌炒至軟，開始便可陸續放上去皮番茄及番茄汁，一邊搗成泥、一邊炒勻（f）；接著將備在冷開水裡的麵疙瘩撈起放入鍋中，並加入半碗市售的蒜味義大利醬一起煮滾（g）。最後，將白酒、檸檬汁、一半羅勒葉、起司粉一起加入炒至濃稠，再用些許香料海鹽調味，完成（h）。

這天烹煮的義大利麵疙瘩其實有些奇妙。不知是形狀太特殊，還是亞洲人對於韓式料理的印象太深，無論怎麼看，這整大碗的番茄義大利麵疙瘩都像是到韓式料理店的炒年糕或是泡菜鍋之類的料理。所幸自己非常滿意自己烹煮的義大利醬，因此，拌上些乾羅勒或羅勒葉，再加上我最愛的起司粉（要超大量）和 Tabasco，這辣乎乎的辣味紅醬義大利麵，在寒冷的冬天吃來特別暖胃，還得配上自己最愛的美國影集。這天晚上的兩人份麵疙瘩，就在影集播放中的兩、三個小時裡，被自己呼嚕嚕的給嗑光了。

一個獨享的秘密去處

Step Nineteen

每當在準備菜餚的過程中，便覺得是一條直達內心深處之路，一個人的、安靜而澎湃的，揀選食材、決定烹調方式、控制刀工與火候……臨窗的廚房流理台上，陽光輕微灑落，那是一個決定性的秘密基地，暗藏了所有情緒的抒發。

我不時想起自己的料理世界之始，在涼風薄霧的舊金山城郊San Jose，或許該這麼說吧，三年多來，整座海灣城市提供了許多深刻的思索與前進之養分，無論悲歡喜怒，一點一滴在引導自己往強大的方向前去。每個人的路向都有著微毫差異，街廓的寬窄、路旁的風景……只有自己才會永遠知道心之所往。

如同一道道藏有秘密情緒的料理，用力回想，偌大的灣岸異鄉，有沒有一處屬於自己訴諸一切的秘密基地，我想，就只有 Santana Row 和 Westfield Valley Fair 了吧！這兩處只隔了一條馬路—— Steven Creek。每週五的午後是固定留給自己的休憩日，早晨起床去上一堂流動瑜伽課，感受身體與內在溝通的真實，下課後便隨即將車開往喜歡的三明治店用餐。相對於台灣，San Jose 的氣候多為日照，午後陽光可延伸的週末心情似乎更長了些，開車前往 Santana Row 的路程其實很短，心裡卻有難以言喻的愉悅感。

停了幾個紅綠燈，最後一個十字路口，右前方轉角上方約四、五層樓高處，有著夜晚霓虹銀白字體—— Santana Row，此刻陽光熾熱，使其有些黯淡、不起眼，但它所等待的始終是週末閃爍繽紛熱鬧的夜晚。右轉後先經過愛店 Crate & Barrel，再停三秒 Stop Sign 繼續右轉前進，左手邊是最常泊靠的停車場，後方還有整棟仍屹立不搖的 Best Buy。

秘密基地的順序通常是從 Santana Row 的 Free People 開始。停好車走往商店街道之前，總會在一間轉彎角的小小咖啡廳，外帶中杯全熱榛果黑咖啡（一定要全熱，因我無法適應溫的飲品或湯水）。在秘密基地裡，有著一定要去的 Crate & Barrel，還有最喜愛的

Anthropologie，附近小鎮的商家超市更討人喜愛；街廓中央的大樹下空間，最是特別。每當夏季一到，樹下擺放的沙發座椅，時常擠滿附近來訪的居民或遊客，旁邊還有超好吃的 Pinkberry 優格店。在這個街廓不算長的空間裡，有點像學生時期常坐在那聊天發呆的新竹護城河徒步區，閒適感有些雷同。

約莫在二〇一三下半年，秘密基地 Westfield 開始做大型的改裝，除了品牌的更新和引進之外，原有店家的重新裝修都是極大幅度的改裝，挑高空間交錯著來往的人們，連從東岸來訪的友人都說：「這是我在美國看過最豪華的 Mall。」說來一點都不誇張。週五晚通常不開伙，一旦遇到發懶不下廚的日子，有時在 Mall 逛了一下午，晚餐直接在豪華美食區解決；其實每每都非常期待。記得那時最愛的是在北美很有名的 Chipotle，是 Mexican Grill 料理，簡單、快速又好吃，特別是蔬菜裡有我最喜歡的墨西哥辣椒 Jalapeño。而下午在 Mall 裡的 Nordstrom 百貨時，也會在 Nordstrom Café 點份藍莓起司司康，外加一杯 Americano，完美的午後行程就從最愛的熱美式開始。

綠蔭、美食街區、空中廊道，偌大蔓延的範疇，是我內心最私密的秘密基地，始終相當渴慕。而當我獨自回憶、反芻，所有充滿時間痕跡的人情世故，一步驟一步驟在自己珍愛的廚房中借代、轉化，每種食材就像代表我當下的詞彙，交織成句，而一道菜餚的完成就如同一封寫給某人的信，無論是調味或者食材搭配，都是一種心意的呈現。

在我心裡的那個專屬的灣岸餐桌上，有著三年來點點滴滴的時光歲月，那些有機的情感、那些豐盛的吮指記憶，以及那些酸甜苦辣的日常……如今，我將它們一一端上，與所有珍貴的友人共享，或許我很快將返回那熟悉的城市，也或許不再，但那些人、那些事終會是料理中的傾訴對象，每一道工序、每一次等候，進而成為一卷只有我才能開啟的食譜。

羅勒青醬鮮蝦蘑菇松子燉飯

Meal

和好友聊了些彼此分隔兩個國度的生活，有了一起的新目標，也想為共同的夢想一起努力，我想，這是彼此十多年友情後的一個終點，也是另一個新的起點的開始。回想了許多過去一起的生活，很感謝人生的三分之一都有她陪著我分享生活裡的開心與難過，今年開始，彼此的生活都會有些不同、有些改變，但我始終相信，未來依舊美好。

乾女兒的媽，這十多年真的很謝謝妳，謝謝妳對我的照顧和包容，在美國這麼長的時間，我真的很想念妳。不知妳還記得否，曾經的某日，當我從手機螢幕上看到：「謝謝你、朋友，真的很想你」這句話時，當下的我，終於也忍不住鼻酸而落淚了。也許心裡知道在電話另一端的妳也掉著淚，那時的我依舊要努力打起三八個性的精神，讓妳知道我也很想妳，且無論發生任何事，我也會一直陪伴在妳身邊。

即將返回彼此熟悉的公路上，而我們各自的夢想也正在一步一步往前，感謝十五、六年來的陪伴，很希望能在一個充滿陽光的午後，妳帶著可愛的女兒來到我的廚房，讓我為妳們做一道彼此都最喜歡的青醬料理，燉飯也好、義大利麵也好，那都是我對妳們最深、最深的想念。

食材

Ingredients

1 杯義大利米

1 顆白洋蔥

1 顆大蒜

1 盒蘑菇（切片）

1 小把新鮮羅勒葉

1 小株香菜葉

2 大湯匙自製青醬

4 片月桂葉

300 ～ 500 克新鮮蝦仁

1/4 雞湯塊（泡熱水）

適量帕瑪森起司粉

少許鮮奶油

少許黑胡椒

少許米酒

少許奶油

＊以上食材、調味用量皆可依個人喜好調整

6 Tbsp
7 Tbsp
8 Tbsp.

a
b
c
d

步驟

Method

每隔一陣子，總會為自己做一大瓶自製青醬，固定兩大包大蒜、一碗鮮榨橄欖油、一大碗松子，以及塞滿整罐料理機的新鮮羅勒葉；有時為了希望味道重一些，就將羅勒葉一半改為九層塔，兩種一起混合的做法，最常出現在我的廚房。

平常到餐廳點餐，若有紅白青醬的各式料理可選擇，我一定選青醬料理，就是非常鍾愛，所以家中餐桌最常出現的自製醬料，也是青醬。製作青醬的過程非常簡單，使用的備料也都極易取得，青醬製作完放入冷藏後上層會有一層非常厚的橄欖油，因此，半年、八個月都是可存放的保存期限。

製作燉飯時，我最要求的是一定要用「義大利米」，因為有著一般米粒沒有的米心口感，會讓整道料理立刻加分。通常我先將大蒜、蘑菇及洋蔥切片、切丁，將蝦仁用米酒浸泡一下去除腥味（a）。使用奶油將大蒜和洋蔥末炒至洋蔥稍成透明色（b），接著加入蘑菇片一起炒香，炒至洋蔥稍微呈淡褐色時，加入米粒、1/2 雞湯一起加入，蓋鍋燉煮約 5 分鐘（c）。

開鍋後放入浸泡好的蝦仁、月桂葉、青醬、香菜葉末及剩下的雞湯一起放入拌炒均勻，再蓋鍋悶煮約 5 ～ 10 分鐘（d）。開鍋後，取出月桂葉，放入適量鮮奶油、起司粉、黑胡椒調味、攪拌均勻，最家常的青醬燉飯就完成了。上桌前可拿幾片羅勒葉做裝飾，吃的時候也可再灑些起司粉讓口味更濃郁，一切都隨自己的喜好調整即可。

義大利辣味青醬熱狗高麗菜捲捲麵

Meal

最近盡力幫自己好好準備早午餐或午餐，否則每天都在文字、電腦、照片、書本、音樂、電影、拍照裡不停迴旋，還有幾乎天天報到的瑜珈教室和兩、三天一趟的慢跑，這些怠惰不得的日常，有時仍會感到疲倦。今年要靠自己緩慢紮實地走完這三百六十五天，所以也得盡力維持幫自己準備好一頓飯菜的時間。上週為了清理冰箱櫥櫃，臨時抓了些既有的備品，隨意準備了一碗中西合併的義大利辣味青醬熱狗高麗菜捲捲麵，看似簡便，卻總是有著那份真摯且真實的善待自我的心意。

食材 / 約 2 人份

Ingredients

3 顆大蒜切片

5 大匙自製青醬

2 大片高麗菜葉

4 條辣味豚肉熱狗

市售盒裝半盒義大利捲麵

適量適量鮮奶油

適量帕瑪森起司條

適量橄欖油

適量寧記金鉤辣椒

適量海鹽

適量黑胡椒

適量帕馬森起司粉或細起司條

＊以上食材、調味用量皆可依個人喜好調整

a
b
c

步驟

Method

這天選了自己喜歡的白琺瑯鍋，約莫承裝半鍋煮水，煮滾後放入捲麵，加入些許橄欖油及海鹽，煮至捲麵約八分熟（a），便可撈起備用。接著，將切熱狗切小塊，蒜片及自製青醬一起放入另一平底鍋中炒至熱狗的辛辣香氣釋出（b）。放入方才已備妥的捲麵至平底鍋中一起翻炒至捲麵被青醬均勻覆蓋，之後蓋鍋悶約 1 分鐘。

開蓋後，將備妥的鮮奶油、黑胡椒及些許海鹽放入鍋中一起拌炒，並將切碎的高麗菜葉及和辣椒醬一起加入，炒至入味即完成（c）。

灣岸路線V

周末家庭日

Bill's Café
Wellow Glen Farmer's Market
Philz Coffee Palo Alto
Capitola City Beach
San Jose Flea Market
Experience the Exploratorium at Pier 15
Fisherman's Wharf

Bill's Café

道地美式風味的家庭早餐，每回都得排隊三十分鐘才能嚐到滋味，是我最喜愛的週末早餐。

Add	1115 Willow St, San Jose, CA 95125

Wellow Glen Farmer's Market

每週六營業的農夫市集，販售著來自鄰近各地農夫的有機食材，蔬果色彩自然鮮美。

Add	1165 Lincoln Ave San Jose, CA 95125

Philz Coffee Palo Alto

極具風格色彩的著名咖啡廳，那杯必點的 Mint Mojito Iced Coffee 是每訪必點的招牌咖啡，絕不能錯過。

Add	3191 Middlefield Rd Palo Alto, CA 94303

Capitola City Beach

美麗的七彩小鎮，除了在海灘上浪漫散步，還有著位處半山腰的浪漫餐廳 Shadowbrook。

Add	San Jose Ave & Esplanade Capitola, CA 95010

San Jose Flea Market

人滿為患的熱鬧市集，有著許多墨西哥文化及商品的跳蚤市場，一個能讓人挖寶的好去處。

Add	1590 Berryessa Rd, San Jose, CA 95133

Experience the Exploratorium at Pier 15

城市中能帶著孩子一同學習的好去處，館內商品種類繁多，是愛挖寶也愛看展的朋友前往的第一選擇。

Add	Pier 15, San Francisco, CA 9411

Fisherman's Wharf

Pier 39 是著名的觀光勝地，來訪舊金山的遊客無一不前往朝聖，除了海鮮店家之外，附近的 IN-N-OUT 也可以順道一吃。

Add	San Francisco, CA 94133（Fisherman's Wharf, North Beach/Telegraph Hill）

信任是一種不需要多字贅言的距離，一種彼間默契微笑的安心。像是在料理過程中，添一點、減一些，透過舌尖和身旁微笑的安心，滑順入味定是一種微妙的靈魂交替。

味感索引

Index

凱特文化 好食光 13

灣岸餐桌：況味隨影，料理一桌抒情 Cooking for Someone

作　　者　鄭凱華 Joyce｜攝　　影　鄭凱華 Joyce
發 行 人　陳韋竹｜總 編 輯　嚴玉鳳｜主　　編　董秉哲
責任編輯　董秉哲｜封面設計　萬亞雰｜版面構成　萬亞雰
感　　謝　設計讀　CURIO BOUTIQUE 居禮名店　部分食材由 NESPRESSO 提供
行銷企畫　胡晏綺｜印刷　通南彩色印刷有限公司｜法律顧問　志律法律事務所 吳志勇律師

出　　版　凱特文化創意股份有限公司
地　　址　新北市 236 土城區明德路二段 149 號 2 樓｜電話（02）2263-3878｜傳真（02）2263-3845
劃撥帳號　50026207 凱特文化創意股份有限公司
讀者信箱　katebook2007@gmail.com｜凱特文化部落格　blog.pixnet.net/katebook
總 經 銷　大和書報圖書股份有限公司
地　　址　新北市 248 新莊區五工五路 2 號｜電話（02）8990-2588｜傳真（02）2299-1658

初　　版　2015 年 3 月｜ISBN　978-986-5882-92-1｜定　　價　新台幣 420 元

國家圖書館出版品預行編目資料：灣岸餐桌：況味隨影，料理一桌抒情／鄭凱華 Joyce 著．
一初版．一新北市：凱特文化，2015.03 320 面；17 × 23 公分．
（好食光；13）ISBN 978-986-5882-92-1（平裝） 427.1　104002230

終於有個能讓自己重新拿起相機的機會。帶著它，走走、看看，端詳著身邊一成不變的花草樹木和人行街道，在鏡頭下的轉念間，似乎都變得更美了。而相機裡保留的不是只有你的身影和微笑，還有當時的甜蜜氣氛與你那髮絲淡淡的香味。

檸檬雞佐香料飯.

材料..

1/2杯 中筋Flour, 過篩
1/2 紅辣椒粉.
海鹽、黑胡椒.
2片 200g 雞胸肉, 切一口大小
50g Butter, 融化.
青辣椒片

檸檬sauce..

1/3 80ml soy sauce..
3/4 180ml Lemon Juice.
1/2 120ml 義式沙拉醬
1 Lemon 細皮末
1 大蒜压碎
海鹽、pepper.

灣 Cooking 岸 for 餐 Someone 桌